职业教育课程创新精品系列教材

PLC 编程与应用（西门子）

主　编　张聚峰　刘雯雯
副主编　戴　超　赵　媛　叶晓明
参　编　李云龙　王学彬
主　审　李　燕

北京理工大学出版社
BEIJING INSTITUTE OF TECHNOLOGY PRESS

内容简介

本书针对西门子 S7-1200 PLC 的功能进行项目化讲解，实操性强，语言通俗易懂。本书基于工业应用经验总结，结合 PLC 相关行业的岗位需求，分为 10 个项目，内容包括三相异步电动机单方向运行控制、三相异步电动机双重联锁可逆控制、三相异步电动机 Y-△降压起动运行控制、抢答器自动控制、天塔之光自动控制、水塔水位自动控制、密码锁自动控制、交通灯自动控制、自动送料装车控制、自动洗衣机控制。为了便于教学，本书配有电子教案、工程案例、演示视频、程序代码等教辅资源。

本书既可作为职业院校自动化相关专业的授课教材，也可作为企业及社会机构的培训教材，还可供自动化工程技术人员参考使用。

版权专有　侵权必究

图书在版编目（CIP）数据

PLC 编程与应用：西门子／张聚峰，刘雯雯主编. -- 北京：北京理工大学出版社，2023.9
ISBN 978-7-5763-2945-2

Ⅰ. ①P… Ⅱ. ①张… ②刘… Ⅲ. ①PLC 技术-程序设计 Ⅳ. ①TM571.61

中国国家版本馆 CIP 数据核字（2023）第 187011 号

责任编辑：钟　博	文案编辑：钟　博
责任校对：刘亚男	责任印制：边心超

出版发行 /	北京理工大学出版社有限责任公司
社　　址 /	北京市丰台区四合庄路 6 号
邮　　编 /	100070
电　　话 /	（010）68914026（教材售后服务热线）
	（010）68944437（课件资源服务热线）
网　　址 /	http://www.bitpress.com.cn

版 印 次 /	2023 年 9 月第 1 版第 1 次印刷
印　　刷 /	定州市新华印刷有限公司
开　　本 /	889 mm×1194 mm　1/16
印　　张 /	14.5
字　　数 /	283 千字
定　　价 /	39.90 元

图书出现印装质量问题，请拨打售后服务热线，负责调换

Preface 前言

随着我国工业自动化技术的飞速发展，很多企业引入了自动化设备及自动化生产线。PLC技术已成为自动化行业的核心应用技术，西门子S7系列PLC是目前市场占有率极高的可编程控制器，在工业领域应用广泛，其与TIA博途软件精简系统面板构成工程控制系统，为自动化领域的小型自动化任务提供整体解决方案，其相关领域的人才缺口巨大，培养高技能人才迫在眉睫。

本书以S7-1200 PLC机型为例，以工程应用为目的，以编程指令应用为主线，借助大量典型案例讲解PLC编程方法和技巧；通过分析工艺控制要求，进行硬件配置和软件编程、系统调试与实施，由浅入深、循序渐进地讲解知识、训练技能，提升学生的综合编程技术应用能力。本书具有以下特点。

（1）本书教学内容立足于智能制造背景下企业发展的新需求和机电类专业毕业生所需要的岗位能力，并对接可编程控制器系统应用编程、可编程控制器系统集成及应用等1+X职业技能等级标准。

（2）本书按照"项目引领，任务驱动"的原则编写，以西门子S7-1200 PLC的应用为主线，以工业现场典型控制案例为载体，共开发了10个项目。每个任务均易于操作和实现，并遵循由简单到复杂、由单一到综合的原则，环环相扣、层层递进，充分培养学生的综合职业能力。

（3）本书配有项目一体化任务工单，突出实用性和实践性，以每个任务为单位组织教学，配合教材使用，方便安排教学活动。每个任务遵循工程项目实施过程，突出职业引导功能，教、学、做、练一体化，充分体现学生的主体地位。

（4）本书秉承课程教育与思想政治教育同向同行的理念，选取能够体现职业素养和工匠精神等理念的案例，将习近平新时代中国特色社会主义思想和党的二十大精神完美融合到理论知识和实践应用中。另外，本书打造了"旗帜引领""大国工匠""科技之星""励技筑梦"

"人生启迪"等栏目,在提高学生专业技能的同时,将爱国、敬业、创新、安全的价值引领渗透到课程教学中,培养学生精益求精的工匠精神及团结协作精神等。

(5)借助现代信息技术,利用手机等移动终端扫描本书中的二维码即可观看配套视频、微课等教学资源,让学习变得方便快捷。

本书由张聚峰、刘雯雯担任主编,戴超、赵媛、叶晓明担任副主编。编者在编写本书的过程中,得到了北京理工大学出版社的大力帮助和支持,天津中德应用技术大学李云龙和企业专家王学彬担任参编,天津市经济贸易学校李燕担任主审,提出了许多宝贵的意见和建议,在此表示衷心的感谢。由于时间仓促,编者水平有限,书中难免有不妥之处,敬请各位读者和专家批评指正。

编 者

Contents

目录

绪　论		1
项目一	三相异步电动机单方向运行控制	5
项目二	三相异步电动机双重联锁可逆控制	23
项目三	三相异步电动机 Y-△降压启动运行控制	35
项目四	抢答器自动控制	48
项目五	天塔之光自动控制	60
项目六	水塔水位自动控制	80
项目七	密码锁自动控制	94
项目八	交通灯自动控制	111
项目九	自动送料装车控制	126
项目十	自动洗衣机控制	152
参考文献		170

绪 论

一、S7-1200 PLC 简介

可编程控制器(Programmable Controller)是计算机家族中的一员，是为工业控制应用而设计制造的。早期的可编程控制器称作可编程逻辑控制器(Programmable Logic Controller)，简称 PLC，它主要用来代替继电器实现逻辑控制。随着技术的发展，这种装置的功能已经大大超过了逻辑控制的范围，因此，今天这种装置称作可编程控制器，简称 PC。为了避免与个人计算机(Personal Computer，PC)的简称混淆，将可编程控制器仍简称 PLC。

S7-1200 PLC 是西门子 PLC 的新产品，其设计紧凑、组态灵活、扩展方便、功能强大，可用于控制各种各样的设备以满足自动化需求。S7-1200 PLC 的 CPU 将微处理器、集成电源、输入/输出(I/O)电路、PROFINET 接口、高速运动控制输入/输出接口及模拟量输入接口紧凑地组合到一个外壳中，形成功能强大的控制器，这些特点使它适用于各种控制系统。S7-1200 PLC 由于在西门子 PLC 家族中属于模块小型 PLC，所以适用于各种中低端独立式自动化系统。

西门子 S7-1200 PLC 的外形如图 0-1 所示，其带有一个 PROFINET 接口，用于与编程计算机、HMI、其他 PLC 及带以太网的设备进行通信，还可使用附加模块 PROFIBUS 接口、GPRS 接口、RS-485 接口或 RS-232 接口等与外界进行通信。

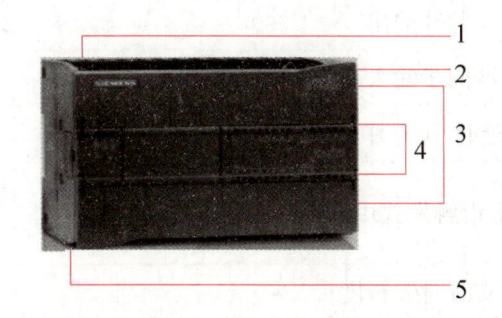

图 0-1 西门子 S7-1200 PLC 的外形
1—电源接口；2—存储卡插槽(保护盖下面)；
3—可拆卸用户接线连接器(保护盖下面)；
4—板载输入/输出状态指示灯；
5—PROFINET 接口(CPU 的底部)

二、S7-1200 PLC 的类型

S7-1200 PLC 目前有 4 种 CPU 型号，分别为 CPU 1211C、CPU 1212C、CPU 1214C、CPU 1215C，其参数比较如表 0-1 所示。

表 0-1 S7-1200 PLC 各种型号的参数比较

CPU 的功能	CPU 1211C	CPU 1212C	CPU 1214C	CPU 1215C
本机数字量输入/输出	6 输入/4 输出	8 输入/6 输出	14 输入/10 输出	14 输入/10 输出
本机模拟量输入/输出	2 输入	2 输入	2 输入	2 输入/2 输出
扩展模块个数	—	2	8	8
高速技术器个数	3(总计)	4(总计)	6(总计)	6(总计)
集成/可扩展的工作存储器	25KB/不可扩展	25KB/不可扩展	50KB/不可扩展	100KB/不可扩展
集成/可扩展的装载存储器	1MB/24MB	1MB/24MB	2MB/24MB	2MB/24MB
单相计数器	3 个(100kHz)	4 个(3 个 100kHz、1 个 30kHz)	6 个(3 个 100kHz、3 个 30kHz)	6 个(3 个 100kHz、1 个 30kHz)
正交计数器	3 个(80kHz)	4 个(3 个 80kHz、1 个 30kHz)	6 个(3 个 80kHz、3 个 30kHz)	6 个(3 个 80kHz、3 个 30kHz)
脉冲输出	2 个(100kHz/DC 输出或 1Hz/Rly 输出)			
脉冲同步输入个数	6	8	14	14
延时/循环中断	总计 4 个，分辨力为 1ms			
边沿触发式中断	6 个上升沿和 6 个下降沿	8 个上升沿和 8 个下降沿	12 个上升沿和 12 个下降沿	12 个上升沿和 12 个下降沿
实时时钟精度	±60 s/月			
PROFINET	1 个以太网接口	2 个以太网接口	—	—
实时时钟保持时间	典型 10 天/最短 6 天，40℃ 时			
数学运算执行速度	2.3μs/条指令			
布尔运算执行速度	0.08μs/条指令			

三、S7-1200 PLC 的程序结构

S7-1200 PLC 与 S7-300/400PLC 的程序结构基本相同，都采用模块化方式编程。S7-1200 PLC 的用户程序块包括组织块（OB）、功能块（FB）、功能（FC）和数据块（DB），其中数据块又包括背景数据块（也叫作局部数据块）和全局数据块两种。模块化结构的程序易于阅读、调试与维护，可移植性强。用户程序块如表 0-2 所示。

表 0-2 用户程序块

块	描述
组织块	操作系统与用户程序之间的接口，用户可以对组织块编程
功能块	用户编写的包含经常使用的功能的子程序，有专用的背景数据块
功能	用户编写的包含经常使用的功能的子程序，没有专用的背景数据块
背景数据块	用于存储功能块输入参数、输出参数、输入/输出参数和静态参数，其数据在编译时自动生成
全局数据块	存储用户数据的数据区，供所有程序使用

四、S7-1200 PLC 的 I/O

1. S7-1200 PLC 的数字量 I/O

可以选用 8 点、16 点和 32 点的数字量 I/O 模块，来满足不同的控制需要。

2. S7-1200 PLC 的模拟量 I/O

在工业控制中，某些输入量（温度、压力、流量、转速等）是模拟量，某些执行机构（例如电动调节阀和变频器等）要求 PLC 输出模拟量信号，而 PLC 的 CPU 只能处理数字量信号。

模拟量 I/O 模块的任务就是实现 A/D 和 D/A 转换。模拟量首先被传感器和变送器转换为标准量程的电压或电流，例如 4~20mA、1~5V、0~10V，PLC 用模拟量输入模块的 A/D 转换器将它们转换成数字量。带正、负号的电流或电压在 A/D 转换后用二进制补码表示。

模拟量输出模块的 D/A 转换器将 PLC 中的数字量转换为模拟电压或电流，再去控制执行机构。A/D 和 D/A 转换器的二进制位数反映了它们的分辨率，位数越多，分辨率越高。

3. S7-1200 PLC 的集成 PROFINET 接口

实时工业以太网是现场总线发展的趋势，如图 0-2~图 0-4 所示，PROFINET 是基于工业以太网的现场总线，是开放式的工业以太网标准，它使工业以太网的应用扩展到了控制网络最底层的现场设备。

图 0-2　S7-1200 PLC 与编程计算机的通信

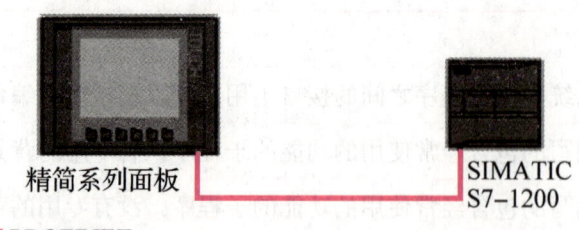

图 0-3　S7-1200 PLC 与精简系列面板的通信

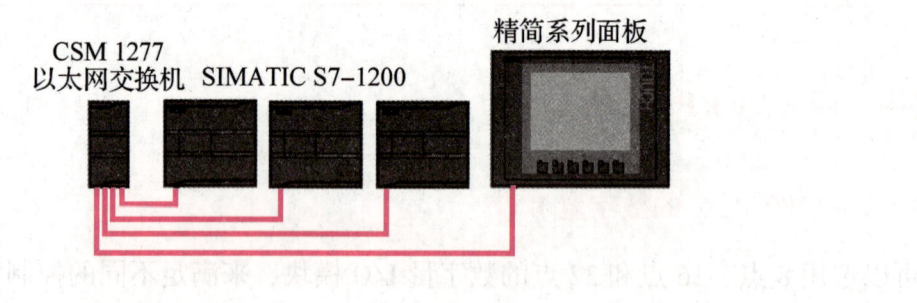

图 0-4　利用工业以太网交换机 CSM 1277 进行多设备的连接

项目一　三相异步电动机单方向运行控制

项目目标

知识目标：

(1) 理解 S7-1200 PLC 编程语言的种类及特点；
(2) 掌握数据类型的概念及区别；
(3) 掌握 S7-1200 PLC 标准触点指令和线圈驱动指令的基本格式和功能。

能力目标：

(1) 能识别梯形图和功能块图的编程语言；
(2) 正确进行硬件接线；
(3) 能熟练应用基本指令编写控制程序；
(4) 能按照编程规则正确编写简单的控制程序。

素质目标：

(1) 能主动学习，在完成任务的过程中发现问题、分析问题和解决问题；
(2) 能与小组成员协商、交流、配合完成本项目；
(3) 严格遵守安全规范。

项目背景

在实际应用中，三相异步电动机(图 1-1)由于具有功率高、结构简单、便于维护和保养等优点，已成为大功率生产设备最常用的转矩来源。

项目引入

结合电动机控制电路，首先通过外部电路连接将 PLC 连接到电路中，使 PLC 主机具有基本的供电和输入控制，然后根据 PLC 输出性能选择是否连接中间继电器隔离部分，然后连接 PLC 的输出部分和执行部分。在 PLC 整个控制系统完成后，使用万用表根据设计图纸对整个电路进行检测。检测完成后开始编程，编程完成后在空载情况下进行程序试运行，结合计算机在线监控功能，观察程序动态效果，做到 PLC 内部软件运行与外部电路控制过程一一对应，以直观地了解 PLC 在控制电路中的作用，从而归纳 PLC 的控制特点。

图 1-1 三相异步电动机

三相异步电动机单方向控制要求如下。

一、初始状态

电动机的中间继电器 KA1 为失电状态，电动机不运转。

二、启动操作

按下启动按钮 SB1 后，电动机中间继电器 KA1 线圈连续得电，电动机持续运转。

三、停止操作

按下停止按钮 SB2 后，电动机中间继电器 KA1 线圈失电，电动机停止运转。

项目分析

根据控制要求可知，这是一个点动连续控制过程，即便启动按钮 SB1 被按下后抬起，电动机依然保持运转状态，在不使用其他指令的前提下，可采用并联继电器线圈的常开触点实现"自锁"。

知识储备

一、PLC 的编程语言

S7-1200 PLC 使用梯形图（LAD）、功能块图（FBD）和结构化控制语言（SCL）这 3 种编程语言。

1. 梯形图

梯形图是使用得最多的PLC图形编程语言，其由触点、线圈和用方框表示的指令框组成（图1-2）。

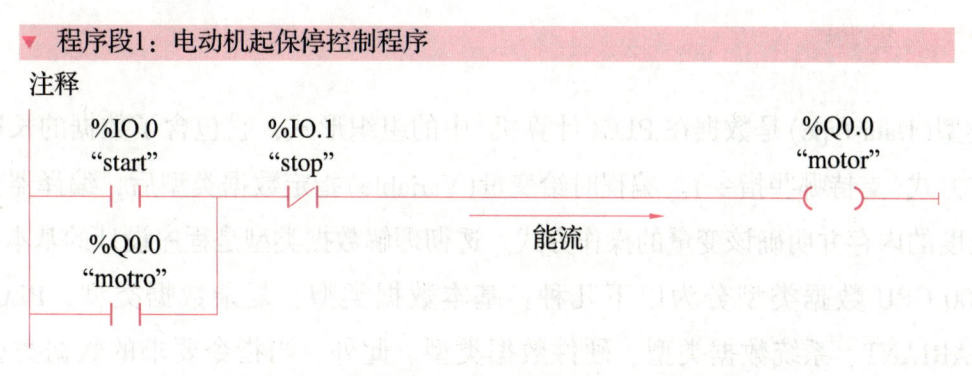

▼ 程序段1：电动机起保停控制程序
注释

```
    %I0.0      %I0.1                              %Q0.0
    "start"    "stop"                             "motor"
    ─┤├───────┤/├──────────────────能流→──────────( )─
    %Q0.0
    "motro"
    ─┤├─┘
```

图1-2　典型的电机起保停控制程序梯形图

在梯形图中，触点从左母线开始进行逻辑连接，代表逻辑输入条件，通常是外部的开关或内部条件；线圈通常代表逻辑运算的结果，用来控制外部负载或内部标志位。指令框也可以作为逻辑的输出，用来表示定时器、计数器或数学运算等功能指令。

2. 功能块图

功能块图是一种类似数字逻辑门电路的编程语言。该编程语言用类似"与门""或门"的方框来表示逻辑运算关系，方框的左侧为逻辑运算的输入变量，右侧为输出变量，输入、输出端的小圆圈表示"非"运算，方框被"导线"连接在一起，信号自左向右运动。图1-3所示为功能块图，它与图1-2所示梯形图的控制逻辑相同。

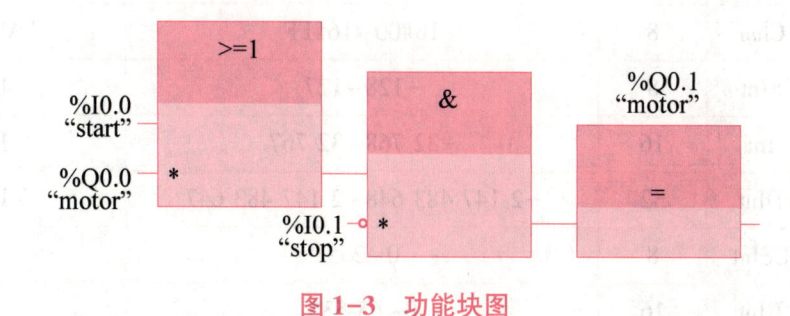

图1-3　功能块图

3. 结构化控制语言

结构化控制语言是一种基于PASCAL的高级编程语言，这种语言基于IEC1131-3标准。结构化控制语言除了包含PLC的典型元素（例如输入、输出、定时器或存储器）外，还包含高级编程语言中的表达式、赋值运算和运算符。结构化控制语言提供了简便的指令进行程序控制，例如创建程序分支、循环或跳转。结构化控制语言尤其适用于数据管理、过程优化、配方管理和数学计算、统计等应用领域。

7

如果想在 TIA 博途编程环境中切换编程语言,可以打开项目树中 PLC 的"程序块",选中其中的某个代码块,打开程序编辑器后,在"属性"选项卡中可以用"语言"下拉菜单进行语言选择与切换。梯形图和功能块图可以相互切换。只能在"添加新块"对话框中选择结构化控制语言。

二、数据类型

数据类型(Data type)是数据在 PLC(计算机)中的组织形式,它包含了数据的长度及数据所支持的操作方式(支持哪些指令)。编程时给变量(Variable)指定数据类型后,编译器会给该变量分配一定长度的内存并明确该变量的操作方式。透彻理解数据类型是程序设计的基本要求。

S7-1200 CPU 数据类型分为以下几种:基本数据类型、复杂数据类型、PLC 数据类型(UDT)、VARIANT、系统数据类型、硬件数据类型。此外,当指令要求的数据类型与实际操作数的数据类型不同时,还可以根据数据类型的转换功能实现操作数的输入。

1. 基本数据类型

基本数据类型如表 1-1 所示。

表 1-1 基本数据类型

变量类型	符号	位数	取值范围	常数举例
位	Bool	1	1,0	TRUE,FALSE 或 1,0
字节	Byte	8	16#00~16#FF	16#12,16#AB
字	Word	16	16#0000~16#FFFF	16#ABCD,16#0001
双字	DWord	32	16#00000000~16#FFFFFFFF	16#02468ACE
字符	Char	8	16#00~16#FF	'A','t','@'
有符号字节	SInt	8	−128~127	123,−123
整数	Int	16	−32 768~32 767	123,−123
双整数	DInt	32	−2 147 483 648~2 147 483 647	123,−123
无符号字节	USInt	8	0~255	123
无符号整数	UInt	16	0~65 535	123
无符号双整数	UDInt	32	0~4 294 967 295	123
浮点数(实数)	Real	32	$\pm1.175\ 495\times10^{-38} \sim \pm3.402\ 823\times10^{38}$	12.45,−3.4,−1.2E+3
双精度浮点数	LReal	64	$\pm2.225\ 073\ 858\ 507\ 202\ 0\pm10^{-308} \sim$ $\pm1.797\ 693\ 134\ 862\ 315\ 7\times10^{308}$	12345.12345 −1,2E+40
时间	Time	321	T#−24d20h31m23s648ms~ T#24d20h31m23s648ms	T#1d_2h_15m_30s_45ms

1)字节、"字节.位"寻址

8位二进制数组成1个字节(Byte),如图1-4所示。

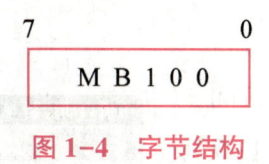

```
 7              0
┌────────────────┐
│   M B 1 0 0    │
└────────────────┘
```

图1-4 字节结构

"字节.位"寻址方式,如图1-5所示。如I3.2,首位字母表示存储器标识符,I表示输入过程映像区。

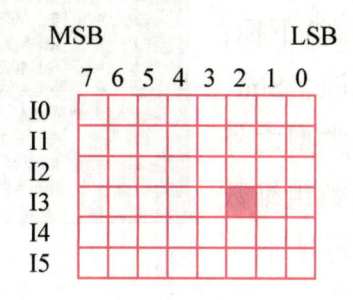

```
     MSB           LSB
     7 6 5 4 3 2 1 0
 I0  □ □ □ □ □ □ □ □
 I1  □ □ □ □ □ □ □ □
 I2  □ □ □ □ □ □ □ □
 I3  □ □ □ □ □ ■ □ □
 I4  □ □ □ □ □ □ □ □
 I5  □ □ □ □ □ □ □ □
```

图1-5 "字节.位"寻址方式

2)字、双字寻址

字、双字结构如图1-6所示。

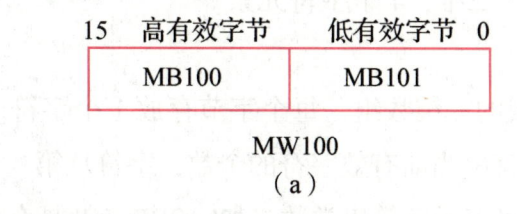

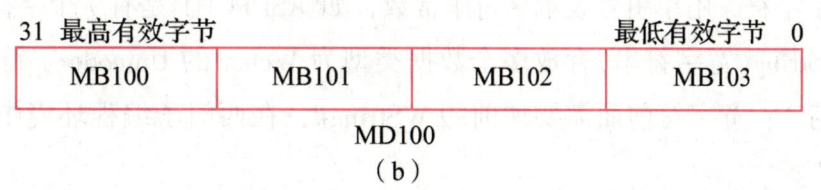

```
 15  高有效字节   低有效字节  0
    ┌─────────┬─────────┐
    │  MB100  │  MB101  │
    └─────────┴─────────┘
            MW100
            (a)
```

```
 31 最高有效字节                          最低有效字节  0
    ┌────────┬────────┬────────┬────────┐
    │ MB100  │ MB101  │ MB102  │ MB103  │
    └────────┴────────┴────────┴────────┘
                    MD100
                    (b)
```

图1-6 字、双字结构

(a)字结构;(b)双字结构

以起始字节的地址作为字和双字的地址。

起始字节为最高位的字节。

3)浮点数

32位的浮点数又称为实数(Real)。浮点数的优点是可以用很小的存储空间(4B)表示非常大和非常小的数。

PLC输入和输出的数据大多是整数,例如模拟量输入和输出值,用浮点数来处理这些数据需要进行整数和浮点数之间的转换,浮点数的运算速度比整数的运算速度慢一些。

在编程软件中，用十进制小数表示浮点数，例如 50 为整数，50.0 为浮点数。

2. 复杂数据类型

1）数组

数组类型（Array）是由固定数目的同一种数据类型元素组成的数据结构（图1-7）。可以创建包含多个相同数据类型元素的数组，可以为数组命名并选择数据类型："Array[lo..hi] of type"。其中，lo 为数组的起始（最低）下标；hi 为数组的结束（最高）下标；type 为数据类型之一，例如 Bool、Sint、Udint。允许使用除 Array、Variant 类型之外的所有数据类型作为数组的元素，数组维数最多为 6 维。数组元素通过下标进行寻址。

图 1-7 数组

示例：数组声明。

Array[1..20] of Real：一维，20个实数元素；

Array[-5..5] of Int：一维，11个整数元素；

Array[1..2, 3..4] of Char：二维，4个字符元素。

2）字符串

字符串（String）是由字符组成的一维数组，每个字节存放 1 个字符。第 1 个字节是字符串的最大字符长度，第 2 个字节是字符串当前有效字符的个数，字符从第 3 个字节开始存放，一个字符串最多有 254 个字符。用单引号表示字符串常数，如' ASDFGHJ' 是有 7 个字符的字符串常数。

数据类型 WString（宽字符串）存放多个数据类型为 Wchar 的 Unicode 字符（长度为 16 位的宽字符，包括汉字）；宽字符前面需要加前缀 WString#，在西门子编程环境中自动添加，例如 WString#'西门子'。

3）日期时间

日期时间（DTL）表示由日期和时间定义的时间点，它由 12 个字节组成，可以在全局数据块或块的接口区定义。12 个字节分别为年（占 2 个字节）、月、日、星期代码、小时、分、秒（各占 1 个字节）和纳秒（4 字节），它们均为 BCD 码。星期日~星期六代码为 1~7。日期时间最小值为 DTL#1970-01-01-00：00：0.0，最大值为 DTL#2262-04-11-23：47：16.854775807，该格式中不包括星期。

4）结构

结构（Struct）是由固定数目的不同数据类型的元素组成的数据结构。结构的元素可以是数组和结构，嵌套深度限制为 8 级（与 CPU 型号有关）。用户可以把过程控制中的有关数据统一组织在一个结构中，作为一个数据单元使用，这为统一的调用和处理提供了方便。

3. PLC 数据类型

从 TIA 博途 V11 开始，S7-1200 支持 PLC 数据类型 UDT。UDT 是一种由多个不同数据类型元素组成的数据结构，元素可以是基本数据类型，也可以是结构、数组等复杂数据类型以及其他 UDT 等。UDT 嵌套 UDT 的深度限制为 8 级。

UDT 类型可以在 DB、OB、FC、FB 接口区处使用。从 TIA 博途 V13SP1、S7-1200 V4.0 开始，PLC 变量表中的 I 和 Q 也可以使用 UDT 类型。

UDT 类型可在程序中统一更改和重复使用，一旦某 UDT 类型发生修改，执行软件全部编译可以自动更新所有使用该数据类型的变量。

定义为 UDT 类型的变量在程序中可作为一个变量整体使用，也可单独使用组成该变量的元素。此外还可以在新建 DB 时，直接创建 UDT 类型的 DB，该 DB 只包含一个 UDT 类型的变量。

UDT 类型作为整体使用时，可以与 Variant、DB_ANY 类型及相关指令默契配合。

4. Variant 指针

Variant 类型的参数是一个可以指向不同数据类型变量（而不是实例）的指针。Variant 可以是一个元素数据类型的对象，例如 Int 或 Real；也可以是一个字符串、日期时间、结构、数组、UDT 或 UDT 数组。Variant 指针可以识别结构，并指向各个结构元素。Variant 类型的操作数在背景 DB 或 L 堆栈中不占用任何空间，但是将占用 CPU 的存储空间。

Variant 类型的变量不是一个对象，而是对另一个对象的引用。Variant 类型的各元素只能在函数的块接口中声明。因此，不能在 DB 或 FB 的块接口静态部分中声明，例如，因为各元素的大小未知，所引用对象的大小可以更改。

Variant 类型的变量只能在块接口的形参中定义。Variant 类型的具体使用方法可以参考"帮助"。

5. 系统数据类型（SDT）

系统数据类型如表 1-2 所示，其由系统提供具有预定义的结构，结构由固定数目的具有各种数据类型的元素构成，不能更改该结构。系统数据类型只能用于特定指令。

表 1-2 系统数据类型

系统数据类型	字节数	说明
IEC_TIMER	16	定时器结构。此数据类型可用于"TP""TOF""TON""TONR"指令。
IEC_SCOUNTER	3	计数值为 SInt 数据类型的计数器结构。此数据类型可用于"CTU""CTD"和"CTUD"指令。
IEC_USCOUNTE	3	计数值为 USInt 数据类型的计数器结构。此数据类型可用于"CTU""CTD"和"CTUD"指令。

续表

系统数据类型	字节数	说明
IEC_COUNTER	6	计数值为 Int 数据类型的计数器结构。此数据类型可用于"CTU""CTD"和"CTUD"指令。
IEC_UCOUNTER	6	计数值为 UInt 数据类型的计数器结构。此数据类型可用于"CTU""CTD"和"CTUD"指令。
IEC_DCOUNTER	12	计数值为 DInt 数据类型的计数器结构。此数据类型可用于"CTU""CTD"和"CTUD"指令。
IEC_UDCOUNTE	12	计数值为 UDInt 数据类型的计数器结构。此数据类型可用于"CTU""CTD"和"CTUD"指令。
ERROR_STRUCT	28	编程错误信息或 I/O 访问错误信息的结构。此数据类型可用于"GET_ERROR"指令。
CREF	8	数据类型 ERROR_STRUCT 的组成,在其中保存有关块地址的信息。
NREF	8	数据类型 ERROR_STRUCT 的组成,在其中保存有关操作数的信息。
VREF	12	用于存储 Variant 指针。此数据类型可用在运动控制工艺对象块中。
CONDITIONS	52	用户自定义的数据结构,定义数据接收的开始和结束条件。此数据类型可用于"RCV_CFG"指令。
TADDR_Param	8	存储通过 UDP 连接说明的数据块结构。此数据类型可用于"TUSEND"和"TURCV"指令。
TCON_Param	64	存储实现开放用户通信的连接说明的 DB 结构。此数据类型可用于"TSEND"和"TRCV"指令。
HSC_Period	12	使用扩展的高速计数器,指定时间段测量的 DB 结构。此数据类型可用于"CTRL_HSC_EXT"指令。

6. 硬件数据类型

硬件数据类型由 CPU 提供,可用的硬件数据类型的个数与 CPU 型号有关。TIA 博途根据硬件组态时设置的模块,存储特定硬件数据类型的常量。它们用于识别硬件组件、事件和中断 OB 等与硬件有关的对象。用户程序使用控制或激活已组态模块的指令时,用硬件数据类型的常数作指令的参数。PLC 变量表的"系统变量"选项卡列出了 PLC 已组态的模块的硬件数据类型变量的值,即硬件组件的标识符。可通过 TIA 博途环境的帮助,查看硬件数据类型的详细情况。

7. 数据类型转换

1) 显式转换

显式转换是通过现有的转换指令实现不同数据类型的转换,转换指令包括 CONV、T_CONV、S_CONV,这些转换指令包含非常多的数据类型的转换,例如 INT_TO_DINT、DINT_

TO_TIME、CHAR_TO_STRING 等。

2）隐式转换

隐式转换是执行指令时，当指令形参与实参的数据类型不同时，程序自动进行的转换。如果形参与实参的数据类型是兼容的，则自动执行隐式转换。可根据调用指令的 FC/FB/OB 是否使能 IEC 检查，决定隐式转换条件是否严格。

需要注意的是，源数据类型的位长度不能超过目标数据类型的位长度。例如不能将 DWord 数据类型的操作数声明给 Word 数据类型的参数。

三、物理存储器

1. PLC 使用的物理存储器

1）随机存储器

CPU 可读出随机存储器（RAM）中的数据，也可以将数据写入 RAM。断电后，RAM 中的数据将丢失。RAM 工作速度快、价格低、改写方便，在关断 PLC 电源后，可以用锂电池保存 RAM 中的用户程序和数据。

2）只读存储器

只读存储器（ROM）的内容只能读出，不能写入。ROM 是非易失性的，断电后，仍能保存存储数据，一般用来存放 PLC 的操作系统。

3）快闪存储器和电可擦除可编程只读存储器

快闪存储器（Flash EPROM）简称 FEPROM，电可擦除可编程只读存储器简称 EEPROM。它们是非易失性的，可以用编程装置对其编程，兼有 ROM 和 RAM 的优点，但是信息写入过程较慢，用来存储用户程序和断电时需要保持的重要数据。

2. 存储卡

SIMATIC 存储卡基于 FEPROM，是预先格式化的 SD 存储卡，有保持功能，用于存储用户程序和某些数据。存储卡用来作装载存储器（Load Memory）或作便携式媒体。

3. S7-1200 CPU 存储器

1）装载存储器

装载存储器是非易失性的存储器，可以用来存储用户程序、数据及组态。当一个项目被下载到 CPU 中时，它首先被存储在装载存储器中。当电源消失时，装载存储器中的内容可以保持。

S7-1200 CPU 集成了装载存储器（如 CPU 1214C 集成的装载存储器容量为 2MB），用户也可以通过存储卡扩展装载存储器的容量。装载存储器类似计算机硬盘，工作存储器类似计算机内存条。

2)工作存储器RAM(Work Memory RAM)

工作存储器RAM是集成在CPU中的高速存取RAM,是工作存储器中的RAM部分。当CPU上电时,用户程序将从装载存储器被复制到工作存储器RAM中运行。当CPU断电后,工作存储器RAM中的内容将消失。例如CPU 1214C集成了50KB的工作存储器RAM。

3)保持存储器(Retentive Memory)

保持存储器是工作存储器中的非易失部分存储器。它可以在CPU掉电时保存用户指定区域的数据。例如CPU 1214C集成了2 048字节的保持存储器。

四、位逻辑指令

位逻辑指令的基础是触点和线圈。触点读取位的状态,而线圈则将操作的状态写入位。触点可测试位的二进制状态,结果是在接通(1)时"有能流",在断开(0)时"没有能流"。线圈的状态反映前导逻辑的状态。

如果在多个程序段中使用地址相同的线圈,则用户程序中最后一次运算的结果将决定该地址的值状态。

1. 触点

触点分为常开触点和常闭触点,图1-8(a)所示为常开触点,图1-8(b)所示为常闭触点。

在赋的位值为1时,常开触点将闭合(ON);在赋的位值为0时,常闭触点将闭合(ON)。

位逻辑运算的基本结构为AND逻辑或OR逻辑。以串联方式连接的触点创建AND逻辑程序段。以并联方式连接的触点创建OR逻辑程序段。

可将触点相互连接,创建用户自己的组合逻辑。

如果用户指定的输入位使用存储器标识符I(输入)或Q(输出),则从过程映像寄存器中读取位值。控制过程中的物理触点信号会连接到PLC上的输入端子。CPU扫描已连接的输入信号并更新过程映像输入寄存器中的相应状态值。

通过在输入变量后加上":P"(例如"Motor_Start:P"或"I3.4:P"),可指定立即读取物理输入。当立即读取物理输入时,将直接从物理输入读取位数据值,而不是从过程映像寄存器中读取。立即读取不会更新过程映像。

图1-8 触点
(a)常开触点;(b)常闭触点

2. 输出线圈

输出线圈分为正向输出线圈和反向输出线圈,图1-9(a)所示为正向输出线圈,图1-9(b)所示为反向输出线圈。

```
        "OUT"                    "OUT"
        —( )—                    —(/)—
         (a)                      (b)
```

图 1-9　输出线圈

(a)正向输出线圈；(b)反向输出线圈

如果有能流通过正向输出线圈，则输出位设置为 1。

如果没有能流通过正向输出线圈，则输出位设置为 0。

如果有能流通过反向输出线圈，则输出位设置为 0。

如果没有能流通过反向输出线圈，则输出位设置为 1。

线圈输出指令写入输出位的值。如果用户指定的输出位使用存储器标识符 Q，则 CPU 接通或断开过程映像寄存器中的输出位，同时设置与能流状态相应的指定位。控制执行器的输出信号连接到 PLC0 的输出端子。在 RUN 模式下，CPU 系统将扫描输入信号，并根据程序逻辑处理输入状态，然后通过在过程映像输出寄存器中设置新的输出状态值进行响应。在每个程序执行循环之后，CPU 都会将存储在过程映像寄存器中的新输出状态响应传送到已连接的输出端子。

通过在输出变量后加上":P"（例如"Motor_On:P"或"Q3.4:P"），可指定立即写入物理输出。立即写入物理输出时，会将位数据值写入过程映像输出寄存器并直接写入物理输出。

线圈并不局限在程序段结尾使用。可以在梯形图程序段的梯级中间以及触点或其他指令之间插入线圈。

旗帜引领

三相异步电动机单方向运行控制是 PLC 课程应用实践的基础内容，也是今后学习的关键。PLC 技术是智能制造的重要基础。当前，我国正处在高速发展向高质量发展转型时期，我国正从制造大国逐步迈入制造强国行列。

党的二十大报告指出：坚持把发展经济的着力点放在实体经济上，推进新型工业化，加快建设制造强国、质量强国、航天强国、交通强国、网络强国、数字中国。实施产业基础再造工程和重大技术装备攻关工程，支持专精特新企业发展，推动制造业高端化、智能化、绿色化发展。推动战略性新兴产业融合集群发展，构建新一代信息技术、人工智能、生物技术、新能源、新材料、高端装备、绿色环保等一批新的增长引擎。

因此，同学们要学好 PLC 技术，将来投身到智能制造工作领域，实现科技报国，为中华民族的伟大复兴贡献力量。

> **项目实施**

依据三相异步电动机的控制要求,完成编程与调试。

项目一 三相异步电动机单方向运行控制(视频)

一、设备清单

设备清单如表 1-3 所示。

表 1-3 设备清单

序号	名称	规格	数量
1	计算机	配备至少 50GB 的存储空间	1
2	操作系统	Windows 10 操作系统(64 位)	1
3	S7-1200 CPU	CPU1215C	1
4	网线	—	1
5	编程软件	TIA 博途软件	1
6	三相异步电动机	—	1
7	接触器	—	1
8	中间继电器	—	1
9	万用表	—	1
10	连接导线	—	若干

二、I/O 分配表

I/O 分配表如表 1-4 所示。

表 1-4 I/O 分配表

类别	名称	数据类型	地址	功能
输入端	SB1	Bool	I0.0	启动按钮
	SB2	Bool	I0.1	停止按钮
输出端	HL1	Bool	Q0.0	中间继电器

三、硬件接线

1. 连接三相异步电动机电路

点动控制三相异步电动机电路如图 1-10 所示。

在连接时首先要切断 L1、L2、L3 部分的电源，用试电笔测量后方可进行接线。先连接电动机部分，布置好三相异步电动机和接触器的位置，布置原则如下。

（1）元件固定牢固，防止元件在电动机运行后产生振动，造成开路故障。

（2）方便接线。硬线接线弯角最好达到 90°弯曲，走线尽量避免交叉。布置过程中元件接线端子尽量对齐，如果无法对齐，距离应拉大，以方便弯线和走线。如果使用软线，应将软线捆扎，以防止松脱。

（3）考虑干扰因素。中间继电器与 PLC 应尽量远离三相异步电动机。

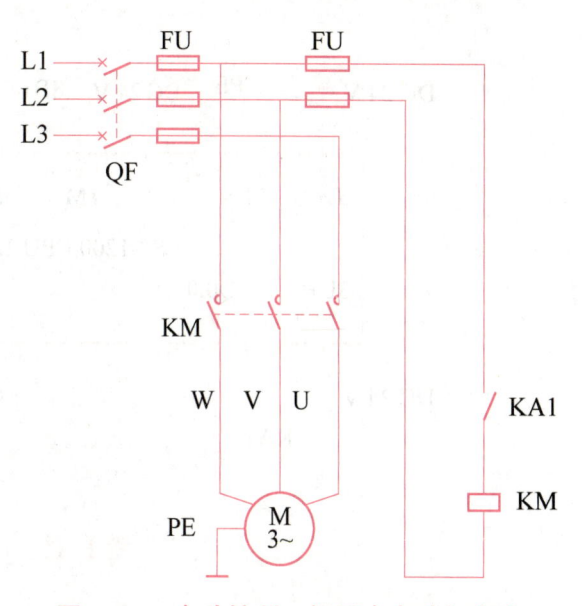

图 1-10 点动控制三相异步电动机电路

元件布置完成后开始接线。首先连接三相异步电动机主电路，应根据图纸走向自上而下，按照顺序进行接线，建议按照自左而右、自上而下的顺序进行接线，以防止出现漏接现象。

2. PLC 硬件接线

在三相异步电动机运行前，系统将通过 PLC 发出控制信号。PLC 硬件接线图如图 1-11 所示。图中，PLC 的电源为 24V。在工控应用设备中，直流 24V 电源有两种用途。一种用途是向工控设备系统供电。之所以选择直流低压电，是因为智能控制模块内部经常使用精密的电子模块，直流电稳定性好，波动较小，会为内部精密模块的运行提供较好的条件。另外，智能控制模块内部的二极管、三极管、集成电路及智能控制模块存储元件的供电电压一般都不超过 24V，因为兼顾互换性、通用性，所以一些系统的供电电压设定为 24V。另一种用途是向继电器供电。在工控设备运行过程中，如果 PLC 输出端口发出的电压控制信号是直流 24V，考虑到额定值的问题，绝不能直接控制直流 24V 以上的负载或接触器线圈，否则会使信号无法驱动所控制部分。另外，也要考虑到交直流隔离的问题，其产生原因是：大电流三相异步电动机在运行过程中，电压较高的交流电如果与低压直流部分直接连接，会造成交直流电互扰，从而形成高压交流对直流低压部分的干扰，特别是对 PLC 系统等精密部件的干扰。此干扰一旦发生，会使工控设备严重失控，对人身和设备安全造成极大的威胁。因此，在 PLC 发出控制信号后，在 PLC 与外围交流设备之间都要加装中间继电器。中间继电器的作用是在没有直接连接交流接触器的情况下稳定地用直流低压信号控制交流设备的运行。

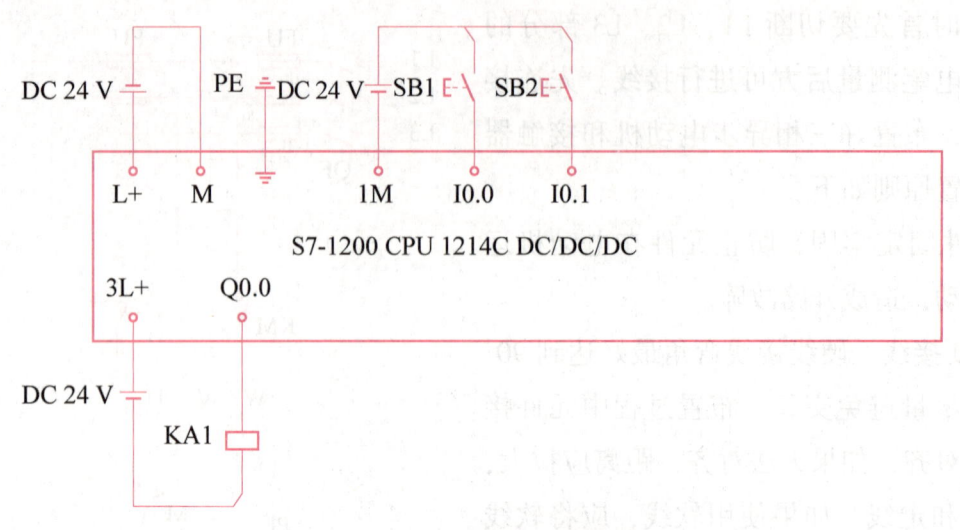

图 1-11　PLC 硬件接线图

在 PLC 外部，首先 PLC 输出控制信号[图 1-12（a）]，控制 24V 中间继电器 KA1 的线圈。在 KA1 线圈得电后，通过电磁效应吸合 KA1 常开触点使电路闭合[图 1-12（b）]，再通过中间继电器 KA1 常开触点的闭合与断开，控制三相异步电动机交流继电器的线圈 KM。线圈 KM 通过电磁原理吸合主触点 KM[图 1-12（c）]。KM 的三组触点在线圈得电后同步动作，动作后三组触点接通三相 380V 电源与三相异步电动机，三相异步电动机得电运行，从而使 PLC 系统发出的 24V 直流控制信号可以控制交流大电压三相异步电动机。通过以上分析方法的灵活运用，可以很容易地对 PLC 控制电路进行分析。

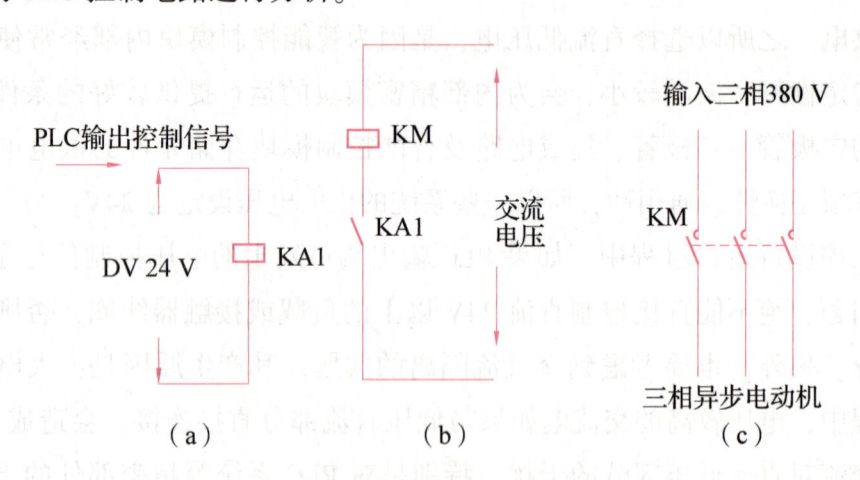

图 1-12　PLC 外部控制分析

根据任务分析，进行 PLC 硬件接线。

四、编写梯形图程序

梯形图程序如图 1-13 所示。

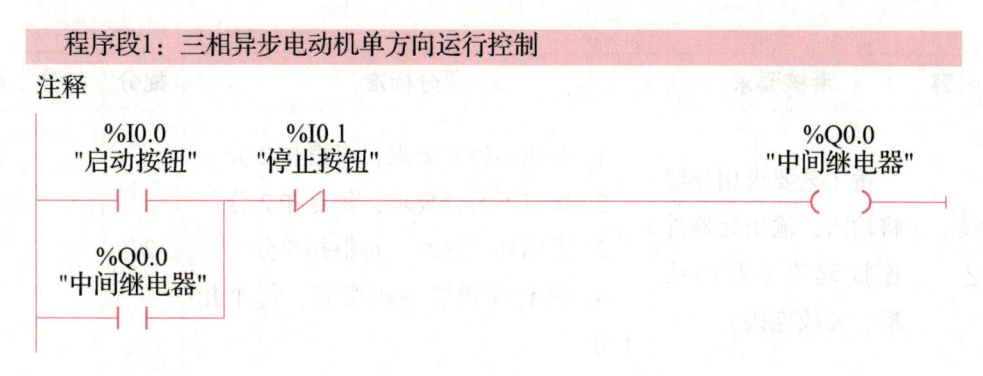

程序段1：三相异步电动机单方向运行控制
注释

```
    %I0.0       %I0.1                                    %Q0.0
  "启动按钮"   "停止按钮"                              "中间继电器"
    ──┤├──────┤/├─────────────────────────────────────( )──
    %Q0.0
  "中间继电器"
    ──┤├──
```

图 1-13　梯形图程序

五、实训步骤

（1）将 PLC 主机上的电源开关断开，按照图 1-2 所示 PLC 硬件接线图进行 PLC 输入、输出端的电路连接，注意 24V 电源的正、负极不要短接，以防止电路短路，损坏 PLC 触点。

（2）接通 PLC 主机上的电源开关，将 PLC 串口置于 STOP 状态，将 STEP 软件中的控制程序下载到 PLC 中，下载完毕后，将 PLC 串口置于 RUN 状态。

（3）接通三相异步电动机电源，具体操作步骤如下。

①按下启动按钮 SB1，电动机持续运转；

②按下停止按钮 SB2，电动机停转。

项目评价

任务完成情况如表 1-5 所示。

表 1-5　任务完成情况

项目	主要内容	考核要求	评分标准	配分	扣分	得分	小计
任务完成情况	I/O 分配	1. 列出 PLC I/O 分配表 2. 画出程序设计流程图	1. 电路设计不全，每处扣 2 分 2. 输入/输出地址遗漏，每处扣 2 分 3. 设计流程图错误，每处扣 2 分	10			
	程序设计及输入	1. 根据程序设计流程图，编写梯形图程序 2. 熟练操作 PLC 键盘，正确将所编程序传送到 PLC	1. 不能熟练操作计算机键盘输入指令，扣 2 分 2. 梯形图表达不正确或画法不规范，每处扣 5 分 3. 不能熟练地将程序下载到 PLC 中，扣 5 分	30			

续表

项目	主要内容	考核要求	评分标准	配分	扣分	得分	小计
任务完成情况	布线工艺	按工艺要求用导线将输入、输出元器件连接起来（采用线槽、软线连接）	1. 布线不符合要求，每根扣2分 2. 接点不符合要求，每点扣2分 3. 损伤导线绝缘，每根扣5分 4. 漏套或错套编码套管，每个扣1分	20			
	运行调试	按被控设备的动作要求进行调试，达到控制要求	1. 一次试车不成功，扣5分 2. 不能进行程序调试，扣1~5分 3. 不能达到控制要求，扣1~10分	20			
综合能力	职业素养	学习主动性	1. 学习主动性差，学习准备不充分，扣2分	10			
		团队沟通合作	2. 团队合作意识差，缺乏协作精神，扣2分				
		语言表达	3. 语言表达不规范，扣2分				
		工作效率	4. 时间观念不强，工作效率低，扣2分				
		工作质量	5. 不注重工作质量与工作成本，扣2分				
	安全文明生产	安全生产规程操作	1. 安全意识差，不按安全生产规程操作，扣10分	10			
		劳动保护用品	2. 劳动保护用品穿戴不整齐，扣10分				
		清理工作现场	3. 施工后不清理现场，扣5分				
定额时间		15min，每超时5min扣5分					
备注		除定额时间外，各项目的最高扣分不应超过配分数		合计		100	
开始时间		结束时间		实际用时			

知识扩展

学习PLC需掌握的电气元器件设备

对于PLC所组成的控制系统，学习时要对构成PLC系统的一些元器件有一定的了解，只有对以下构成PLC系统的9种元器件有详细的了解，才能够完成设计、维修等与PLC相关的工作。

（1）按钮开关：主要用于信号的开关量的输入，如图 1-14 所示。

（2）感应器：用于外部感应信号的输入或开关量的采集，如图 1-15 所示。

图 1-14　按钮开关外形　　　　　　　图 1-15　感应器外形

（3）中间继电器：用于信号的转换，如图 1-16 所示。

（4）编码器：用于现场长度和速度的检测，并将检测值转换成为 PLC 能够读取的信号，如图 1-17 所示。

图 1-16　中间继电器外形　　　　　　图 1-17　编码器外形

（5）模拟量模块：用于现场的模拟量信号输入和输出，如图 1-18 所示。

（6）步进控制系统：用于定位控制，一般为开环控制，如图 1-19 所示。

图 1-18　模拟量模块设备外形　　　　图 1-19　步进控制系统外形

（7）伺服控制系统：用于高精度定位控制，如图 1-20 所示。

（8）变频器：用于异步电动机调速，在转速精度要求不高时，可以使用变频器与 PLC 配合控制实现转矩输出，如图 1-21 所示。

图 1-20　伺服控制系统外形　　　　图 1-21　变频器外形

项目总结

本项目是第一次练习使用 PLC 完成实际电动机控制的全过程。同学们要勤加练习，掌握正确的操作过程，循序渐进地学习。正所谓"基础不牢，地动山摇"，学习就好像建房子一样，必须先夯实基础。

项目二　三相异步电动机双重联锁可逆控制

项目目标

知识目标：

(1) 掌握置位、复位指令的功能及应用；

(2) 理解置位位域、复位位域指令的功能及应用；

(3) 掌握三相异步电动机双重联锁可逆控制程序的动作过程。

能力目标：

(1) 具备熟练应用置位/复位指令、置位位域/复位位域指令等基本指令编写控制程序的能力；

(2) 具备编写三相异步电动机双重联锁可逆控制程序的能力。

素质目标：

(1) 通过单元模块按钮的规范操作，培养学生的岗位意识；

(2) 通过小组协作，培养学生自主学习的能力。

项目背景

电动机正反转控制电路是电动机典型控制电路之一。在控制电路中，一些功能性电路(如降压启动、往复运动、输送机电路等)都是以电动机正反转为基础加以简单改进而成的。PLC如果与电动机配合实现组态，会大大提高电动机的适用性，更能提高电动机的控制精度。例如，通过电动机正反转功能与PLC的组态可以实现数控机床刀架部分的精确换刀。因此，掌握电动机正反转的PLC控制知识在实际应用中很有必要。

项目引入

用 PLC 实现三相异步电动机双重联锁可逆控制电路。其结构示意(电动机控制模块)如图 2-1 所示。

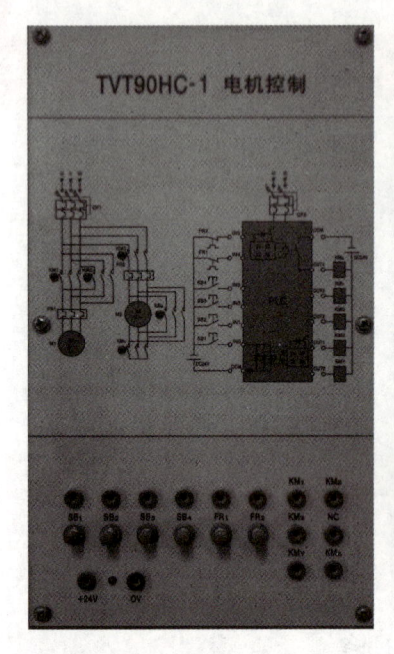

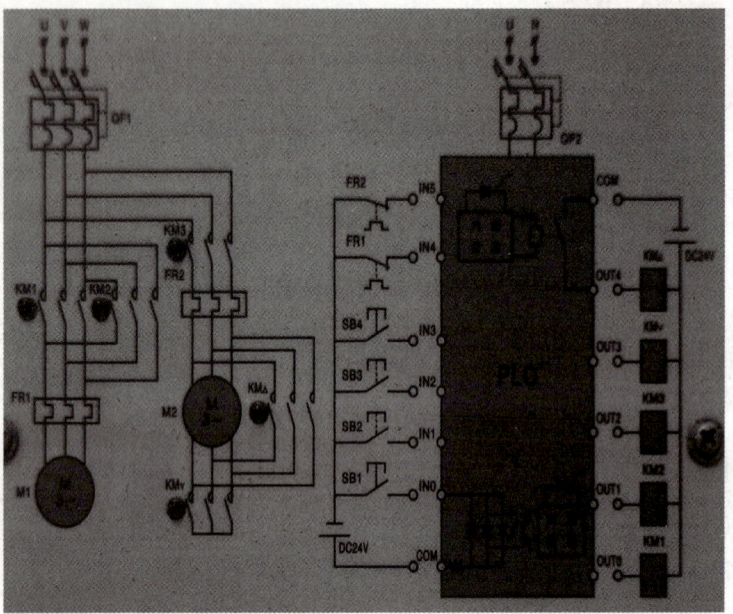

图 2-1 电动机控制模块

一、初始状态

接触器 KM1、KM2 都处于断开状态，电动机 M1 不得电，处于停止状态。

二、启动操作

1. 正转控制

按下电动机正转按钮 SB2，KM1 闭合，电动机 M1 正转；按下停止按钮 SB1，电动机停止运行。

2. 反转控制

按下电动机反转按钮 SB3，KM2 闭合，电动机 M1 反转；按下停止按钮 SB1，电动机停止运行。

3. 正反转切换控制

当电动机正转时，按下按钮 SB3，KM1 断电，KM2 闭合，电动机 M1 反转。
当电动机反转时，按下按钮 SB2，KM2 断电，KM1 闭合，电动机 M1 正转。

三、停止操作

按下停止按钮 SB1，电动机 M1 无论在何种状态都将停止运行。

四、过载保护

当电动机过载时(FR1 动作)，电动机停止运行。

项目分析

一、确定电动机起动与停机的控制条件

(1)电动机的起动条件：必须同时满足在热继电器 FR1 处于正常工作状态下，按下启动按钮。

(2)电动机的停机条件：只要满足按下停止按钮或者电动机发生过载 FR1 动作即可。

二、确定电动机的运行需求

电动机的运行应加自锁，且在编写程序时要注意项目给定热继电器的接线状态为常闭触点接通。

知识储备

一、电路工作原理

三相异步电动机双重联锁可逆控制电路如图 2-2 所示，其工作原理如下。

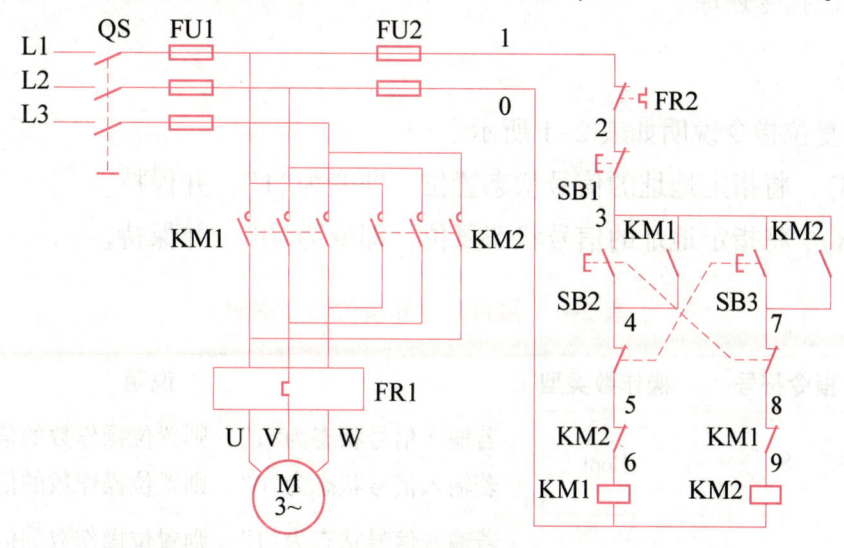

图 2-2　三相异步电动机双重联锁可逆控制电路

1. 正转控制

合上电源开关 QS。

按下启动按钮 SB2，KM1 线圈得电 $\begin{cases} \text{KM1 主触头闭合，电动机正转。} \\ \text{KM1 自锁触头闭合→锁住电动机正转工作状态。} \\ \text{KM}_1 \text{ 常闭联锁触头分断→反转电路不能启动。} \end{cases}$

2. 反转控制

按下反转按钮 SB3→KM1 线圈断电释放→KM1 主触头、辅助触头恢复常态→电动机停止正转。

→KM2 线圈得电 $\begin{cases} \text{KM2 主触头闭合→电动机反转。} \\ \text{KM2 自锁触头闭合。} \\ \text{KM2 联锁触头闭合→锁住电动机正转电路。} \end{cases}$

3. 停止

按下停止按钮 SB1 分断控制电路，电动机停止运行。

电路采用了复合按钮，按下按钮同时动作，实现按钮、接触器双重联锁，保证电动机正常运行。当电动机正转运行时，按下按钮 SB3，就会立即使 KM1 失电，电动机停转，并立即进入反转运行。反之亦然。这既保证了正反转接触器 KM1、KM2 不会同时通电，又可以不按下停止按钮而直接按下反转按钮进行反转启动。

二、复位指令与置位指令

1. 指令概述

置位指令及复位指令的主要特点是具有记忆和保持功能，被置位或复位的操作数只能通过复位指令或置位指令还原。

2. 指令说明

置位指令和复位指令说明如表 2-1 所示。

置位指令（S），将指定地址的信号状态置位，即变为"1"，并保持。

复位指令（R），将指定地址的信号状态复位，即变为"0"，并保持。

三相异步电动机
接触器联锁的
正反转控制-实例

表 2-1 置位指令和复位指令说明

指令名称	指令符号	操作数类型	说明
置位	—(S)—	Bool	若输入信号状态为"1"，则置位操作数的信号状态为"1"；若输入信号状态为"0"，则置位操作数的信号状态为"0"
复位	—(R)—	Bool	若输入信号状态为"1"，则置位操作数的信号状态为"0"；若输入信号状态为"0"，则置位操作数的信号状态不变

置位指令和复位指令梯形图如图 2-3 所示。当 I0.0 为接通状态时，Q0.0 为接通状态。之后即使 I0.0 为断开状态，Q0.0 依然保持接通状态。直到 I0.1 为接通状态时，Q0.0 才变为断开状态。这两条指令在实际编程应用中使用频率较高。STEP 中没有与 R 和 S 对应的固定 SCL 指令格式，因此通过梯形图实现较为方便。

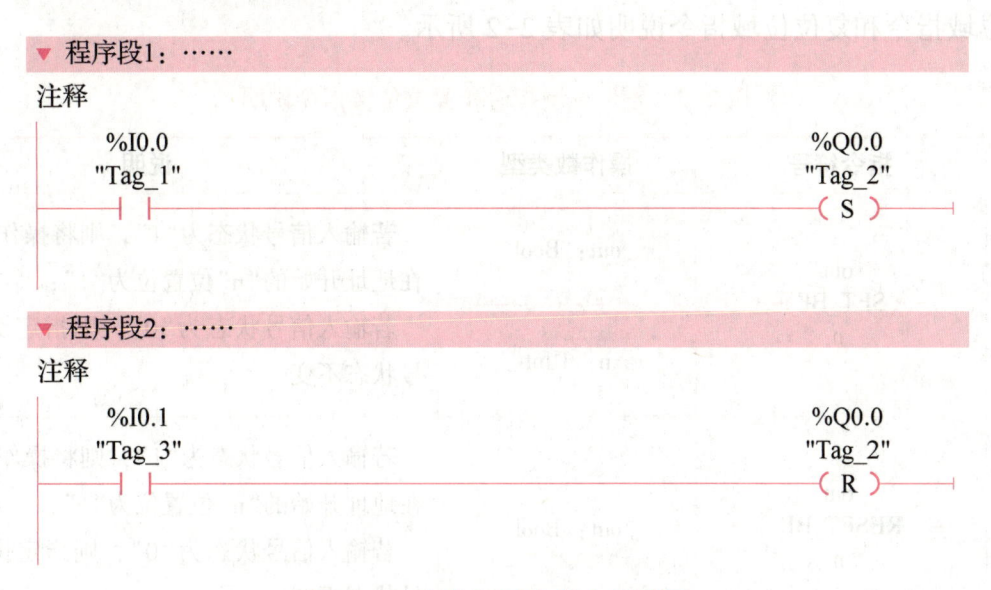

▼ 程序段1：……
注释

```
      %I0.0                                    %Q0.0
     "Tag_1"                                   "Tag_2"
      ─┤ ├──────────────────────────────────────( S )─
```

▼ 程序段2：……
注释

```
      %I0.1                                    %Q0.0
     "Tag_3"                                   "Tag_2"
      ─┤ ├──────────────────────────────────────( R )─
```

图 2-3　复位和置位指令梯形图

复位指令和置位指令也可以通过时序图的形式表述，如图 2-4 所示。在时序图中将输入 I0.0 和 I0.1 用两个独立的时序线段表示，当没有输入时为低电平，就是开始画出的直线段；如果有高电平出现，就会出现突然升高的矩形波，I0.0 和 I0.1 在有按钮被按下时就会出现凸起的矩形波，到达高电平。该波形的上升线代表出现上升沿，凸起的横线长度代表按钮接通时间，松开按钮时会出现下降沿，之后又变回水平线，回到没有输入的低电平状态。用输入/输出时序图分析 PLC 的输入/输出关系非常方便。当按下 I0.0 出现上升沿的瞬间，Q0.0 立即接通，根据 Q0.0 的电位特点可以看出 Q0.0 在接通后一直保持接通状态，出现自锁特性，只有在按下 I0.1 时出现 I0.1 上升沿的瞬间 Q0.0 才断开。这种对输入和输出进行详细描述的图解方法以后还会用到。

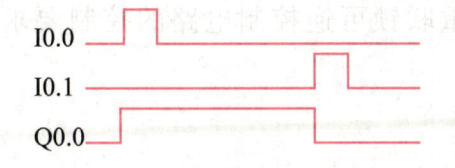

图 2-4　复位指令和置位指令输入和输出时序

三、置位位域指令和复位位域指令

置位位域指令 SET_BF 对从某个特定地址开始的多个位进行置位。

复位位域指令 RESET_BF 对从某个特定地址开始的多个位进行复位。

置位位域指令和复位位域指令说明如表 2-2 所示。

表 2-2　置位位域指令和复位位域指令说明

指令名称	指令符号	操作数类型	说明
置位位域	—(SET_BF)— out n	out：Bool n：UInt	若输入信号状态为"1"，则将操作数"out"所在地址开始的"n"位置位为"1"； 若输入信号状态为"0"，则指定操作数的信号状态不变
复位位域	—(RESET_BF)— out n	out：Bool	若输入信号状态为"1"，则将操作数"out"所在地址开始的"n"位置位为"1"， 若输入信号状态为"0"，则指定操作数的信号状态不变

> **人生启迪**
>
> "实践，是我们一线工人的岗位优势；在实践中学习，是我们成才的基本途径。"孔祥瑞说。在 40 多年的职业生涯中，孔祥瑞留下了 30 多本工作日志。作为"蓝领专家"、知识型产业工人的代表，孔祥瑞始终爱岗敬业，苦练技能，钻研创新，践行着"工匠精神"。

项目实施

依据三相异步电动机双重联锁可逆控制电路的控制要求，完成编程与调试。

三相异步电动机双重联锁可逆控制

一、设备清单

设备清单如表 2-3 所示。

表 2-3　设备清单

序号	名称	规格	数量
1	计算机	配备至少 50GB 的存储空间	1
2	操作系统	Windows 10 操作系统（64 位）	1
3	S7-1200 CPU	CPU1215C	1
4	网线	—	1
5	编程软件	TIA 博途软件	1
6	电动机控制模拟板	与 PLC 和电源匹配	1

二、I/O 分配表

I/O 分配表如表 2-4 所示。

表 2-4　I/O 分配表

输入端			输出端		
地址	电路元件	功能	地址	电路元件	功能
I0.0	SB2	启动正转按钮	Q0.0	KM1	电动机正转
I0.1	SB3	启动反转按钮	Q0.1	KM2	电动机反转
I0.2	FR1	热继电器常闭触点	—	—	—
I0.3	SB1	停止按钮	—	—	—

三、PLC 硬件接线

根据任务分析，进行 PLC 硬件接线，如图 2-5 所示。

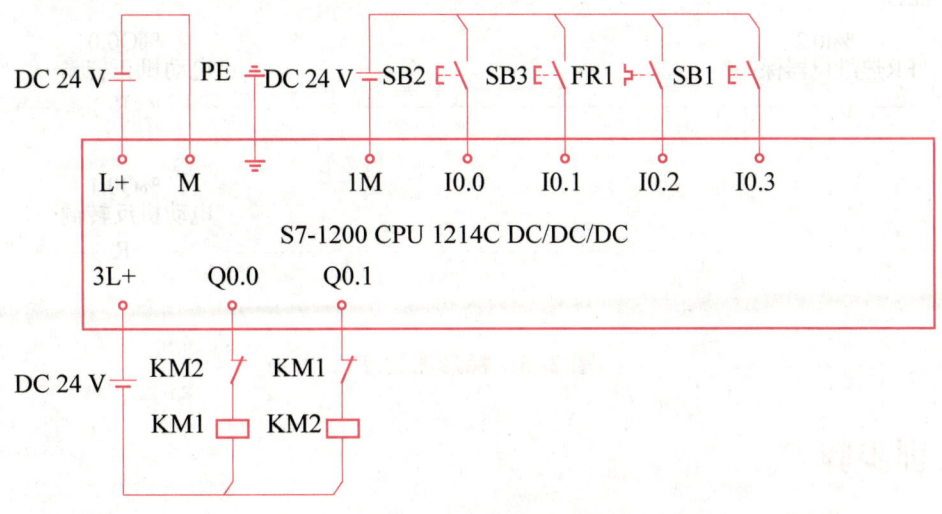

图 2-5　PLC 硬件接线图

四、编写梯形图程序

梯形图程序如图 2-6 所示。

▼ 程序段1：……

注释

```
   %I0.0         %Q0.1                              %Q0.0
  "正转启动"   "电动机正转输…"                   "电动机正转输…"
   ──┤├─────────┤/├──────────────────────────────( S )──
```

▼ 程序段2：……

注释

```
   %I0.0         %Q0.0                              %Q0.1
  "反转启动"   "电动机正转输…"                   "电动机正转输…"
   ──┤├─────────┤/├──────────────────────────────( S )──
```

▼ 程序段3：……

注释

```
   %I0.0                                            %Q0.0
  "反转启动"                                     "电动机正转输…"
   ──┤/├────────┬────────────────────────────────( R )──
                │
                │                                  %Q0.1
                │                                "电动机反转输…"
                └────────────────────────────────( R )──
```

▼ 程序段4：……

注释

```
   %I0.2                                            %Q0.0
  "FR热继电器保…"                                "电动机正转输…"
   ──┤/├────────┬────────────────────────────────( R )──
                │
                │                                  %Q0.1
                │                                "电动机反转输…"
                └────────────────────────────────( R )──
```

图 2-6　梯形图程序

五、实训步骤

（1）将 PLC 主机上的电源开关断开，按照图 2-5 所示 PLC 硬件接线图进行 PLC 输入、输出端的电路连接，注意 24V 电源的正、负极不要短接，以防止电路短路，损坏 PLC 触点。

（2）接通 PLC 主机上的电源开关，将 PLC 串口置于 STOP 状态，将 STEP 软件中的控制程序下载到 PLC 中，下载完毕后，将 PLC 串口置于 RUN 状态。

（3）接通电动机控制模块电源，具体操作步骤如下。

① 按下启动正转按钮 SB2，KM1 得电，电动机正转。

② 按下启动反转按钮 SB3，KM1 失电，KM2 得电，电动机反转。

③ 无论处于哪种运行状态，只要按下停止按钮 SB1，KM1、KM2 均失电。

④ 无论处于哪种运行状态，只要电动机发生过载，KM1、KM2 均失电。

项目评价

任务完成情况如表 2-5 所示。

表 2-5　任务完成情况

项目	主要内容	考核要求	评分标准	配分	扣分	得分	小计
任务完成情况	I/O 分配	1. 列出 PLC I/O 分配表 2. 画出程序设计流程图	1. 电路设计不全，每处扣 2 分 2. 输入/输出地址遗漏，每处扣 2 分 3. 设计流程图错误，每处扣 2 分	10			
	程序设计及输入	1. 根据程序设计流程图，编写梯形图程序 2. 熟练操作 PLC 键盘，正确将所编程序传送到 PLC	1. 不能熟练操作计算机键盘输入指令，扣 2 分 2. 梯形图表达不正确或画法不规范，每处扣 5 分 3. 不能熟练地将程序下载到 PLC 中，扣 5 分	30			
	布线工艺	按工艺要求用导线将输入、输出元器件连接起来（采用线槽、软线连接）	1. 布线不符合要求，每根扣 2 分 2. 接点不符合要求，每点扣 2 分 3. 损伤导线绝缘，每根扣 5 分 4. 漏套或错套编码套管，每个扣 1 分	20			
	运行调试	按被控设备的动作要求进行调试，达到控制要求	1. 一次试车不成功，扣 5 分 2. 不能进行程序调试，扣 1~5 分 3. 不能达到控制要求，扣 1~10 分	20			

续表

项目	主要内容	考核要求	评分标准	配分	扣分	得分	小计
综合能力	职业素养	学习主动性	1. 学习主动性差，学习准备不充分，扣2分	10			
		团队沟通合作	2. 团队合作意识差，缺乏协作精神，扣2分				
		语言表达	3. 语言表达不规范，扣2分				
		工作效率	4. 时间观念不强，工作效率低，扣2分				
		工作质量	5. 不注重工作质量与工作成本，扣2分				
	安全文明生产	安全生产规程操作	1. 安全意识差，不按安全生产规程操作，扣10分	10			
		劳动保护用品	2. 劳动保护用品穿戴不整齐，扣10分				
		清理工作现场	3. 施工后不清理现场，扣5分				
定额时间		15min，每超时5min扣5分					
备注		除定额时间外，各项目的最高扣分不应超过配分数		合计	100		
开始时间		结束时间		实际用时			

知识扩展

RS/SR 触发器

（1）复位/置位（RS）触发器（置位优先）。如果 R 输入端的信号状态为"1"，S1 输入端的信号状态为"0"，则复位。如果 R 输入端的信号状态为"0"，S1 输入端的信号状态为"1"，则置位。如果两个输入端的 RLO 状态均为"1"，则置位触发器。如果两个输入端的 RLO 状态均为"0"，则保持触发器以前的状态。

（2）置位/复位（SR）触发器（复位优先）。如果 S 输入端的信号状态为"1"，R1 输入端的信号状态为"0"，则置位。如果 S 输入端的信号状态为"0"，R1 输入端的信号状态为"1"，则复位触发器。如果两个输入端的 RLO 状态均为"1"，则复位触发器。如果两个输入端的 RLO 状态均为"0"，保持触发器以前的状态。

RS 指令和 SR 指令的符号如图 2-7 所示，RS 指令和 RS 指令中参数的含义如表 2-6 所示，RS 指令和 SR 指令的功能如表 2-7 所示，RS 和 SR 触发器梯形图程序如图 2-8 所示。STEP 中

没有与 RS 和 SR 对应的 SCL 指令。

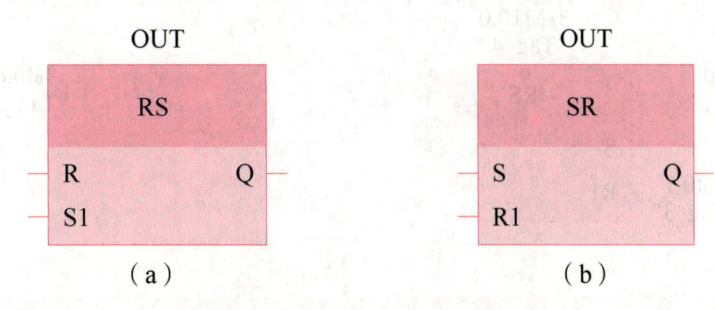

图 2-7　RS 指令和 SR 指令的符号

（a）RS 指令；（b）SR 指令

表 2-6　RS 指令和 SR 指令中参数的含义

参数	数据类型	数据类型
S、R	Bool	置位输入：S1 表示优先
R、R1	Bool	置位输入：S1 表示优先
OUT	Bool	分配的位输出"OUT"
Q	Bool	遵循"OUT"状态

表 2-7　RS 指令和 SR 指令的功能

复位/置位(RS)触发器(置位优先)			置位/复位(SR)触发器(复位优先)		
输入状态	输入状态	说明	输入状态	输入状态	说明
S1（I0.0）	R（I0.1）	Q（Q0.0）	S1（I0.2）	R（I0.3）	Q（Q0.0）
1	0	1	1	0	0
0	1	0	0	1	1
1	1	1	1	1	0

说明栏：当各个状态断开后，输出状态保持

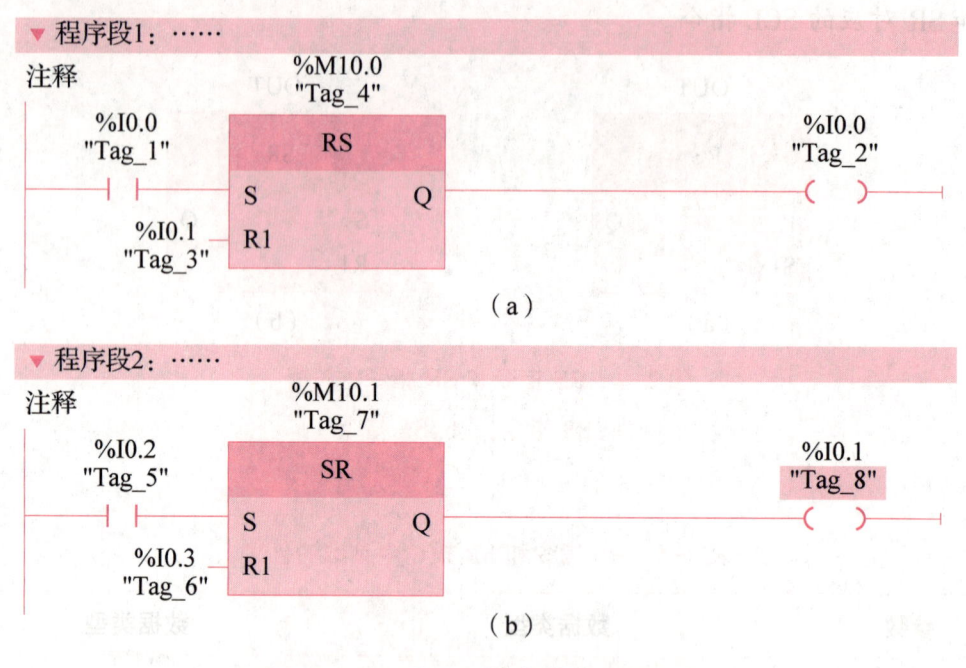

图 2-8 RS 和 SR 触发器梯形图程序
（a）RS 触发器梯形图程序；（b）SR 触发器梯形图程序

项目总结

本项目的主要目的是以三相异步电动机双重联锁可逆控制为例，使用置位/复位指令将三相异步电动机接触器联锁的正反转控制改造为 PLC 控制。在 S7-1200 PLC 的编程理念中，特别强调符号寻址的使用。在开始编程之前，为输入、输出、中间变量定义在程序中使用的符号名。PLC 变量表每次输入后系统都会执行语法检查，找到的任何错误都以红色显示，可以继续编辑，以后再进行所有更正。但是，如果变量声明包含语法错误，程序将无法编译，同学们在程序设计过程中要特别注意。

项目三 三相异步电动机 Y-△ 降压启动运行控制

项目目标

知识目标：

(1) 掌握 S7-1200 PLC 4 种定时器指令的基本格式和功能；

(2) 了解 Y-△ 降压启动运行控制的实现方法。

能力目标：

(1) 能正确进行 PLC 硬件接线；

(2) 能熟练应用通电延时定时器指令编写控制程序。

素质目标：

(1) 能主动学习，在完成任务的过程中发现问题，分析问题和解决问题；

(2) 能与小组成员协商、交流配合完成本项目；

(3) 严格遵守安全规范。

项目背景

在生产实际中，功率在 7.5 kW 以上的电动机频繁启动时启动电流过大，会对供电线路造成影响，因此通常会在电动机启动时采用电动机星形接法以便减小启动电流对供电线路的影响，在运行阶段采用三角形接法全压运行以提高输出功率，这就是通常所说的电动机 Y-△ 降压启动控制。电动机 Y-△ 降压启动的传统方法是用继电器构成控制回路，而这样的控制回路往往存在成本高、体积大、电路复杂、不易维修、难以适应生产工艺变化的缺点。这时可以使用 PLC 对这种传统的控制方法进行改造。

项目引入

用 PLC 实现三相异步电动机 Y-△ 降压启动运行控制。其结构示意（电动机控制模块）如图 3-1 所示。

一、初始状态

电动机处于停止状态。

二、启动操作

（1）按下启动按钮 SB2 时，电动机 M2 启动星接运行。
（2）电动机 M2 星接运行 5s 后，电动机 M2 停止星接运行，启动角接运行。

三、停止操作

（1）按下停止按钮 SB1，电动机 M2 停止运行。
（2）如果在电动机 M2 运行时发生过载，则热继电器 FR2 常闭触点断开，电动机 M2 停止运行。

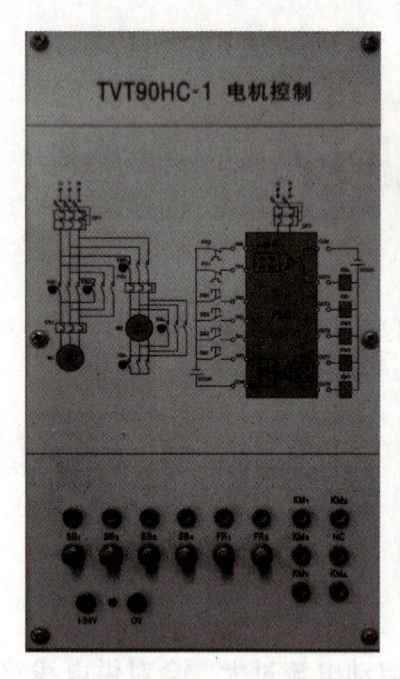

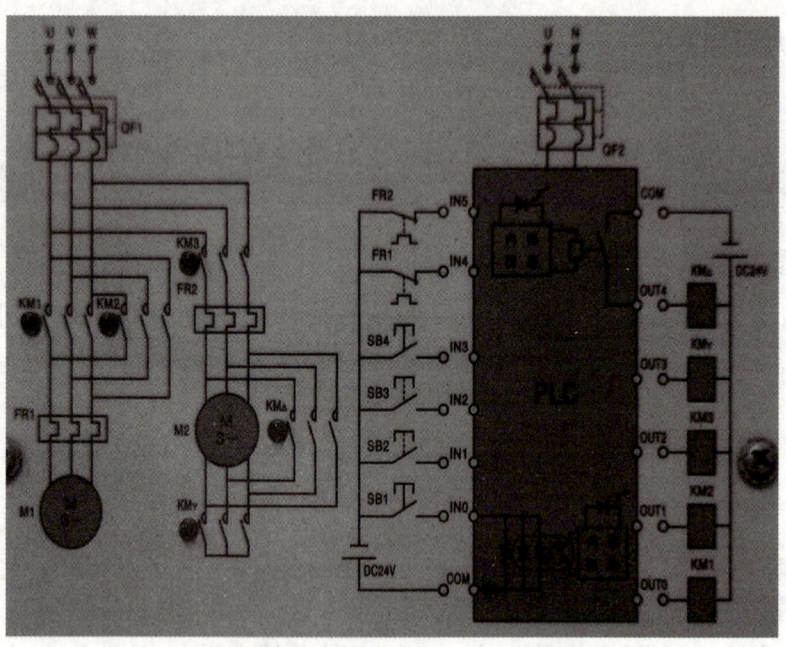

图 3-1 电动机控制模块

项目分析

根据控制要求可知，该系统采用顺序控制过程，电动机的星角切换的时间是由接通延时定时器控制的。本项目重点使用接通延时定时器指令。

一、确定电动机启动与停机的控制条件

(1) 电动机的启动条件：必须同时满足热继电器 FR2 处于正常工作状态和启动按钮被按下。

(2) 电动机的停机条件：只要满足按下停止按钮或者电动机发生过载，FR2 动作即可。

二、确定电动机的运行需求

电动机的运行应加自锁，且在编写程序时要注意项目给定热继电器的接线状态为常闭触点接通。

知识储备

三相异步电动机 Y-△ 降压启动控制电路如图 3-2 所示，由开关 QS、熔断器 FU1、接触器主触点、热继电器热元件及电动机组成主电路，由熔断器 FU2、热继电器常闭触点、停止按钮 SB1、启动按钮 SB2、时间继电器线圈及时间继电器延时断开瞬时闭合触点、接触器线圈及常开/常闭触点组成控制电路。电路中包含 KM1、KM2 和 KM3 三个交流接触器，电路要求工作后 KM1 线圈始终得电，KM2 和 KM3 线圈不能同时得电，否则将造成主电路相间短路。

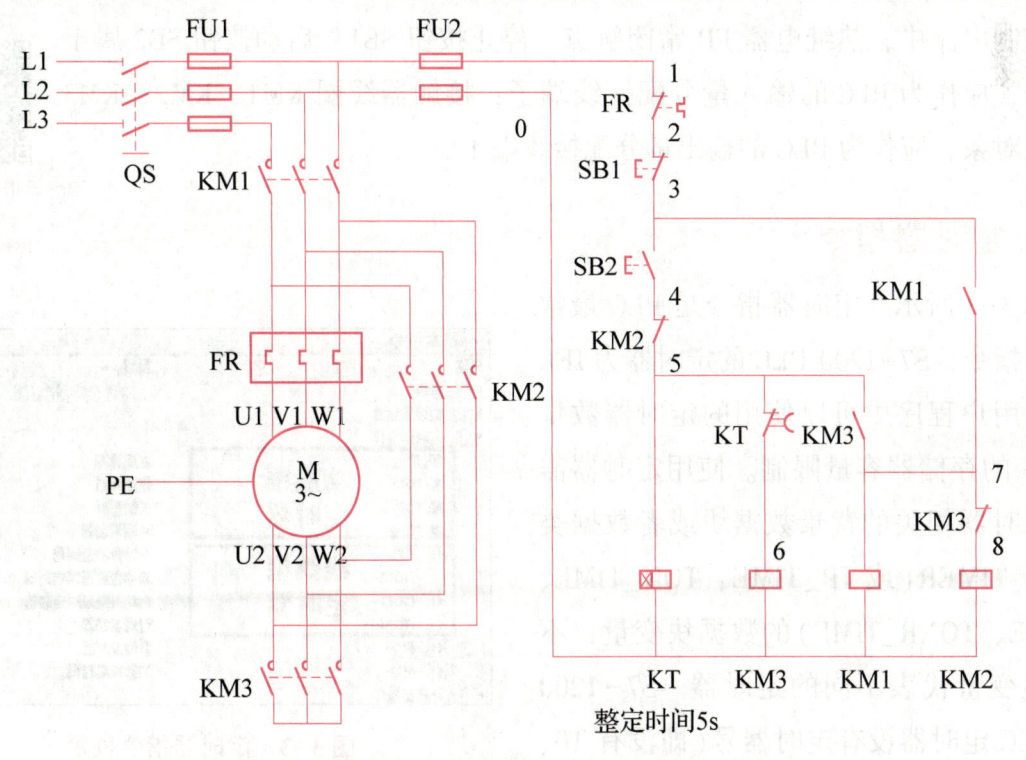

图 3-2 三相异步电动机 Y-△ 降压启动控制电路

一、电路工作原理

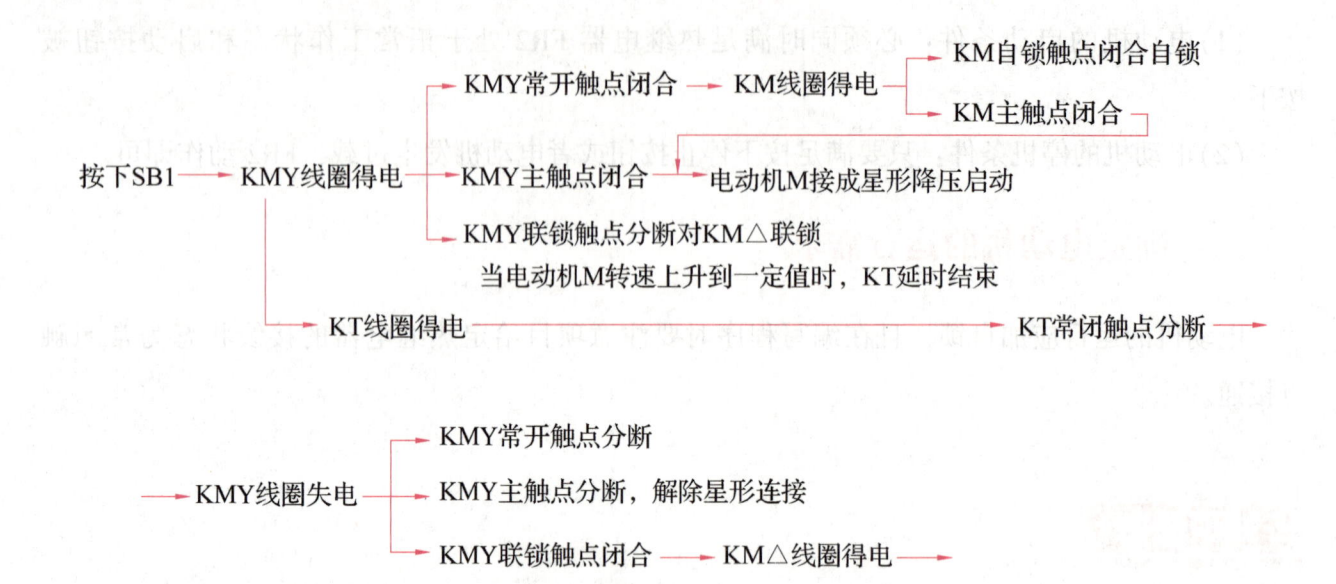

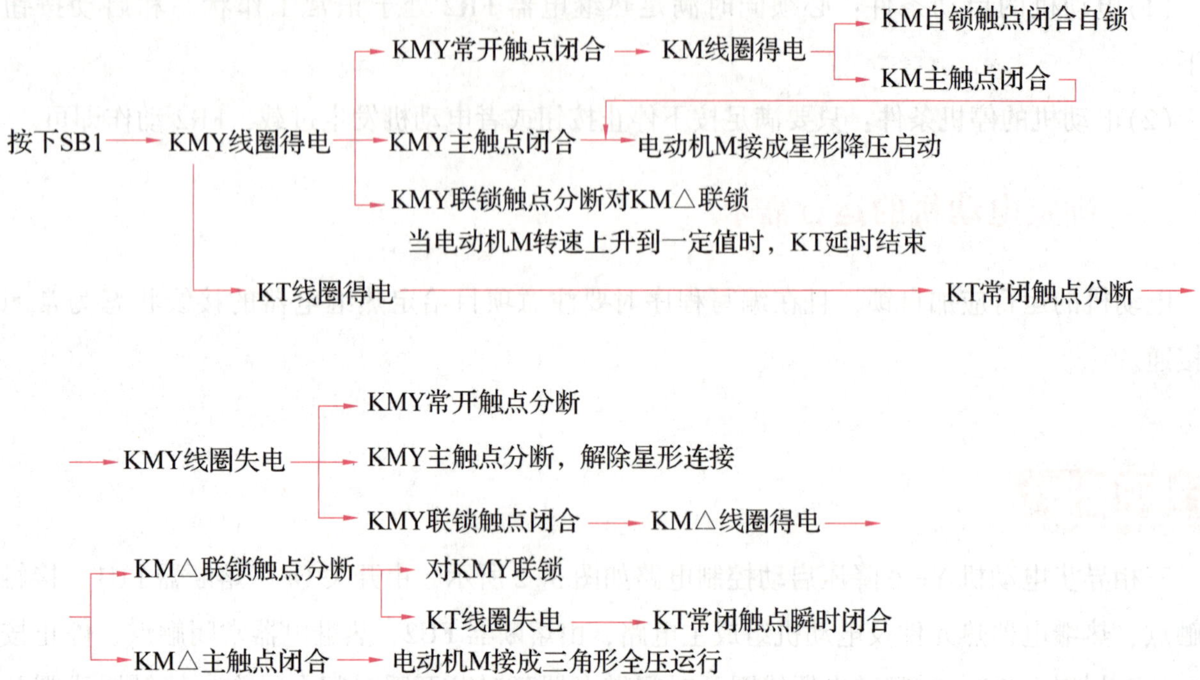

按下SB1 → KMY线圈得电 ┬→ KMY常开触点闭合 → KM线圈得电 ┬→ KM自锁触点闭合自锁
　　　　　　　　　　　 ├→ KMY主触点闭合 → 电动机M接成星形降压启动　└→ KM主触点闭合
　　　　　　　　　　　 └→ KMY联锁触点分断对KM△联锁
　　　　　　　　　　　　　当电动机M转速上升到一定值时，KT延时结束
　　　　　　　 └→ KT线圈得电 ──────────────────────────→ KT常闭触点分断

　　　　　　　　　　　　 ┌→ KMY常开触点分断
→ KMY线圈失电 ┼→ KMY主触点分断，解除星形连接
　　　　　　　　└→ KMY联锁触点闭合 → KM△线圈得电 ┬→ KM△联锁触点分断 → 对KMY联锁
　　　　　　　　　　　　　　　　　　　　　　　　　 ├→ KT线圈失电 → KT常闭触点瞬时闭合
　　　　　　　　　　　　　　　　　　　　　　　　　 └→ KM△主触点闭合 → 电动机M接成三角形全压运行

由工作原理可知，电动机星形启动后需要经过时间继电器设定好时间才能转变为三角形运行。PLC改造主要针对控制电路进行，主电路部分保持不变。

在控制电路中，热继电器FR常闭触点、停止按钮SB1、启动按钮SB2属于控制信号，应作为PLC的输入量分配接线端子；接触器线圈KM1、KM2、KM3属于被控对象，应作为PLC的输出量分配接线端子。

三相异步电动机Y-△降压起动运行控制实例

二、定时器指令

如图3-3所示，定时器指令是PLC最常用的基本指令，S7-1200 PLC的定时器为IEC定时器，用户程序中可以使用的定时器数量仅受CPU的存储器容量限制。使用定时器需要使用定时器相关的背景数据块或者数据类型为IEC_TIMER（或TP_TIME、TON_TIME、TOF_TIME、TONR_TIME）的数据块变量，不同的上述变量代表不同的定时器。S7-1200 PLC的IEC定时器没有定时器号（即没有T0、T37这种带定时器号）。S7-1200 PLC提供4

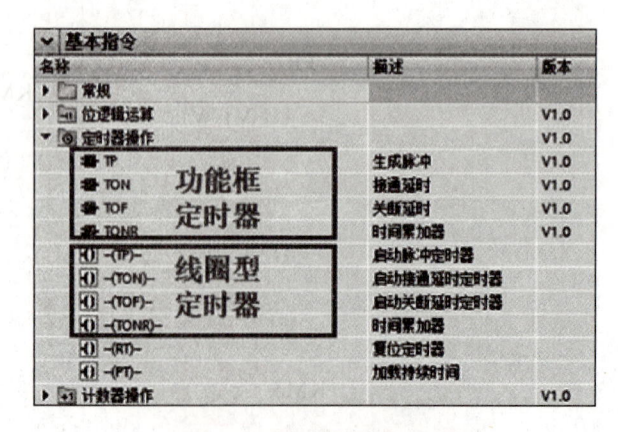

图3-3　定时器指令位置

38

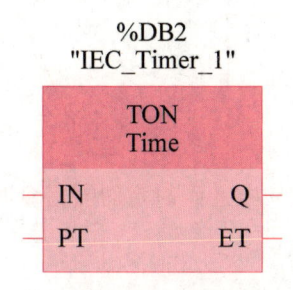

种定时器指令：接通延时定时器指令(TON)、关断延时定时器指令(TOF)、时间累加器指令(TONR)和生成脉冲定时器指令(TP)。此外还包含复位定时器(RT)和加载持续时间(PT)这两个指令。

1. 接通延时定时器指令(TON)

接通延时定时器指令如图 3-4 所示，指令中各引脚的含义如表 3-1 所示。

图 3-4 接通延时定时器指令

表 3-1 接通延时定时器指令中各引脚的含义

输入的变量			
名称	说明	数据类型	备注
IN	输入位	Bool	TP、TON、TONR： 0=禁用定时器，1=启用定时器 TOF：0=启用定时器，1=禁用定时器
PT	设定的时间输入	Time	—
R	复位	Bool	仅出现在 TONR 指令
输出的变量			
名称	说明	数据类型	备注
Q	输出位	Bool	—
ET	已计时的时间	Time	它们的数据类型为 32 位的 Time，单位为 ms，最大定时时间为：T#24D_20H_31M_23S_647MS

如图 3-5 所示，当 I0.0 接通并保持时，IN 从"0"变为"1"，定时器启动；当 ET=PT 时，Q 立即输出"1"，Q0.0 接通，ET 立即停止计时并保持；在任意时刻，只要 I0.0 断开，IN 就变为"0"，ET 立即停止计时并回到 0，Q 输出"0"，Q0.0 断开。

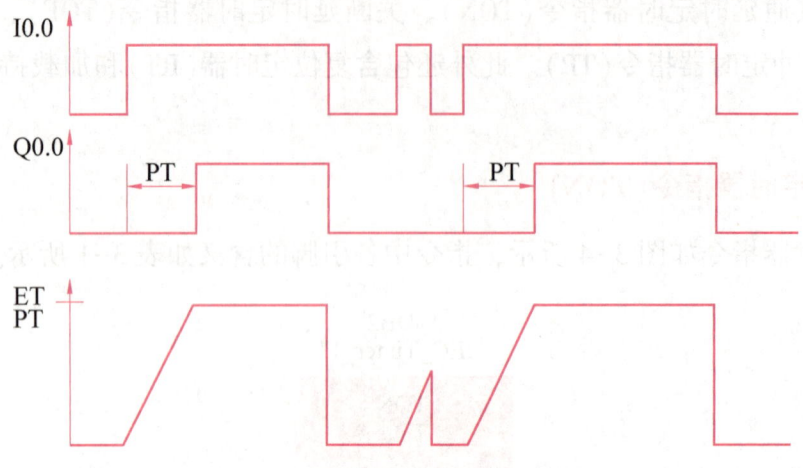

图 3-5 接通延时定时器指令时序图

2. 定时器指令的调用

IEC 定时器和 IEC 计数器属于功能块，调用时需要指定配套的背景数据块，定时器和计数器指令的数据保存在背景数据块中，如图 3-6 所示。

在梯形图中输入定时器指令时，打开右边的指令窗口将"定时器操作"文件夹中的定时器指令拖放到梯形图中适当的位置，在出现的"调用选项"对话框中修改将要生成的背景数据块的名称，或采用默认的名称。单击"确定"按钮，自动生成数据块。

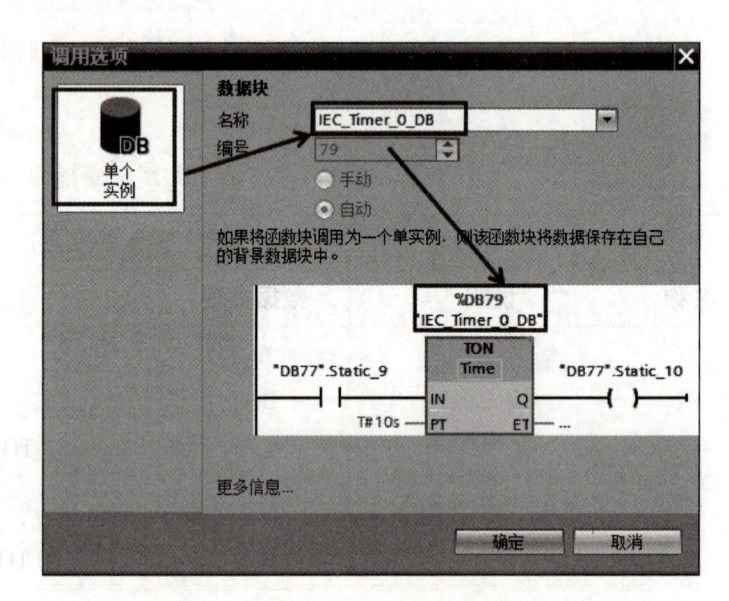

图 3-6 自动生成定时器的背景数据块

大国工匠

今年 52 岁的别林是哈尔滨电气集团佳木斯电机股份有限公司大型车间装配工、高级技师、首席技师，由一名普通工人成长为电动机装配领域的"大国工匠"，在平凡的岗位上做出非凡的业绩，充分彰显了一名共产党员爱岗敬业、苦心钻研、敢为人先的奉献精神。

"做事半途而废没什么出息，干什么都要像一颗螺丝钉一样，认准了，就要干出名堂来。"这句朴实的话语一直激励着别林，他像螺丝钉一样把自己牢牢地"拧"在了哈尔滨电气集团佳木斯电机股份有限公司的装配岗位上，一"拧"就是 33 年。

项目三　三相异步电动机 Y-△降压启动运行控制

　　他不断学习理论知识，磨炼实操技术，掌握了过硬的工作本领，凡是公司处理不了的问题、领导犯难的生产任务，他都敢于担当、冲锋在前。他牵头组装了第一台立式轴瓦电动机、第一台两极座式注水泵电动机、第一台最大规格 TAW8800KW-20P 电动机等尖端产品。许多电动机填补了国内、国际空白。多年来，他参与车间技术攻关 22 项，解决了上百台电动机的振动问题，为企业减少损失上百万元，自行研制工装工具 32 套，完成教学上千课时。

项目实施

依据三相异步电动机 Y-△降压启动控制要求，完成编程与调试。

一、设备清单

设备清单如表 3-2 所示。

表 3-2　设备清单

序号	名称	规格	数量
1	计算机	配备至少 50GB 的存储空间	1
2	操作系统	Windows 10 操作系统（64 位）	1
3	S7-1200 CPU	CPU1215C	1
4	网线	—	1
5	编程软件	TIA 博途软件	1
6	电动机控制模拟板	与 PLC 和电源匹配	1

二、I/O 分配表

I/O 分配表如表 3-3 所示。

表 3-3　I/O 分配表

输入端			输出端		
地址	电路元件	功能	地址	电路元件	功能
I0.0	SB1	启动按钮	Q0.0	KM3	交流接触器 KM3 线圈
I0.1	SB2	停止按钮	Q0.1	KMY	交流接触器 KMY 线圈
I0.2	FR2	热继电器常闭触点	Q0.2	KM△	交流接触器 KM△ 线圈

三、PLC 硬件接线

根据任务分析，进行 PLC 硬件接线，如图 3-7 所示。

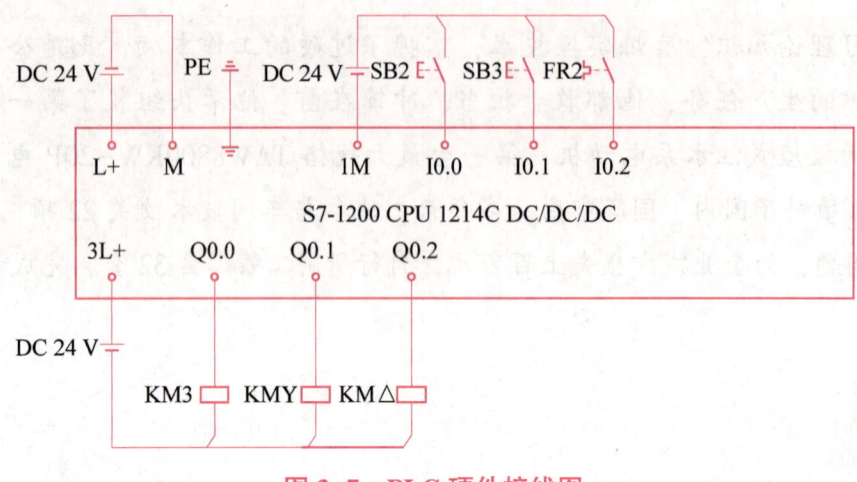

图 3-7　PLC 硬件接线图

四、编写梯形图程序

三相异步电动机 Y-△降压启动控制梯形图程序如图 3-8 所示。

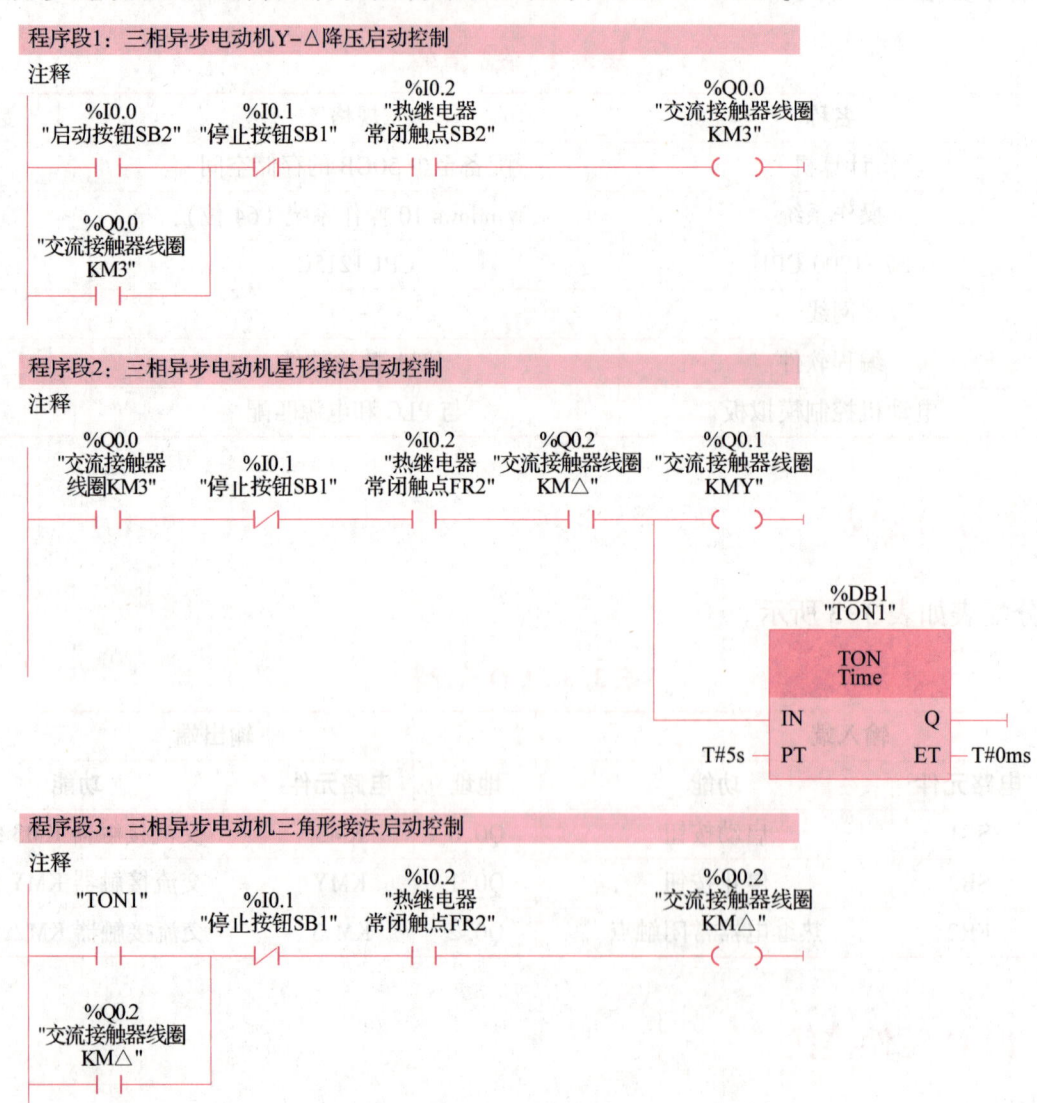

程序段1：三相异步电动机Y-△降压启动控制
注释

```
   %I0.0         %I0.1         %I0.2                              %Q0.0
"启动按钮SB2"  "停止按钮SB1"  "热继电器                         "交流接触器线圈
                              常闭触点SB2"                        KM3"
    ──┤├──────────┤/├──────────┤├──────────────────────────────( )──
   %Q0.0
"交流接触器线圈
    KM3"
    ──┤├──
```

程序段2：三相异步电动机星形接法启动控制
注释

```
   %Q0.0         %I0.1         %I0.2         %Q0.2         %Q0.1
"交流接触器                   "热继电器    "交流接触器线圈  "交流接触器线圈
 线圈KM3"   "停止按钮SB1"   常闭触点FR2"    KM△"            KMY"
    ──┤├──────────┤/├──────────┤├──────────┤/├──────────( )──

                                                        %DB1
                                                       "TON1"
                                                        TON
                                                        Time
                                                    ── IN      Q ──
                                                 T#5s── PT     ET ── T#0ms
```

程序段3：三相异步电动机三角形接法启动控制
注释

```
   "TON1"        %I0.1         %I0.2                              %Q0.2
                              "热继电器                         "交流接触器线圈
             "停止按钮SB1"   常闭触点FR2"                          KM△"
    ──┤├──────────┤/├──────────┤├──────────────────────────────( )──
   %Q0.2
"交流接触器线圈
    KM△"
    ──┤├──
```

图 3-8　三相异步电动机 Y-△降压启动控制梯形图程序

五、实训步骤

(1)将 PLC 主机上的电源开关断开,按照图 3-7 所示 PLC 硬件接线图进行 PLC 输入、输出端的电路连接,注意 24V 电源的正、负极不要短接,以防止电路短路,损坏 PLC 触点。

(2)接通 PLC 主机上的电源开关,将 PLC 串口置于 STOP 状态,将 STEP 软件中的控制程序下载到 PLC 中,下载完毕后,将 PLC 串口置于 RUN 状态。

(3)接通电动机控制模块电源,具体操作步骤如下。

①按下启动按钮 SB1,KM3 和 KMY 得电。

②电动机星接运行 5s 后,KM3 保持得电状态,KMY 失电,KM△得电。

③无论处于哪种运行状态,只要按下停止按钮 SB2,KM3、KMY、KM△均失电。

④无论处于哪种运行状态,只要电动机发生过载,KM3、KMY、KM△均失电。

项目评价

任务完成情况如表 3-4 所示。

表 3-4 任务完成情况

项目	主要内容	考核要求	评分标准	配分	扣分	得分	小计
任务完成情况	I/O 分配	1. 列出 PLC I/O 分配表 2. 画出程序设计流程图	1. 电路设计不全,每处扣 2 分 2. 输入/输出地址遗漏,每处扣 2 分 3. 设计流程图错误,每处扣 2 分	10			
	程序设计及输入	1. 根据程序设计流程图,编写梯形图程序 2. 熟练操作 PLC 键盘,正确将所编程序传送到 PLC	1. 不能熟练操作计算机键盘输入指令,扣 2 分 2. 梯形图表达不正确或画法不规范,每处扣 5 分 3. 不能熟练地将程序下载到 PLC 中,扣 5 分	30			
	布线工艺	按工艺要求用导线将输入、输出元器件连接起来(采用线槽、软线连接)	1. 布线不符合要求,每根扣 2 分 2. 接点不符合要求,每点扣 2 分 3. 损伤导线绝缘,每根扣 5 分 4. 漏套或错套编码套管,每个扣 1 分	20			
	运行调试	按被控设备的动作要求进行调试,达到控制要求	1. 一次试车不成功,扣 5 分 2. 不能进行程序调试,扣 1~5 分 3. 不能达到控制要求,扣 1~10 分	20			

续表

项目	主要内容	考核要求	评分标准	配分	扣分	得分	小计
综合能力	职业素养	学习主动性	1. 学习主动性差，学习准备不充分，扣2分	10			
		团队沟通合作	2. 团队合作意识差，缺乏协作精神，扣2分				
		语言表达	3. 语言表达不规范，扣2分				
		工作效率	4. 时间观念不强，工作效率低，扣2分				
		工作质量	5. 不注重工作质量与工作成本，扣2分				
	安全文明生产	安全生产规程操作	1. 安全意识差，不按安全生产规程操作，扣10分	10			
		劳动保护用品	2. 劳动保护用品穿戴不整齐，扣10分				
		清理工作现场	3. 施工后不清理现场，扣5分				
定额时间			15min，每超时5min扣5分				
备注			除定额时间外，各项目的最高扣分不应超过配分数	合计		100	
开始时间			结束时间		实际用时		

> **知识扩展**

一、关断延时型定时器指令(TOF)

关断延时定时器指令如图3-9所示。如图3-10所示，只要I0.0接通，IN为"1"时，Q即输出"1"，Q0.0接通。当I0.0断开时，IN从"1"变为"0"，定时器启动。当ET=PT时，Q立即输出"0" Q0.0断开，ET立即停止计时并保持。在任意时刻，只要I0.0再次接通，IN就变为"1"，ET立即停止计时并回到"0"。

```
        %DB12
      ┌─────────┐
      │   TOF   │
      │  Time   │
    ──┤IN      Q├──
    ──┤PT     ET├──
      └─────────┘
```

图 3-9　关断延时定时器指令

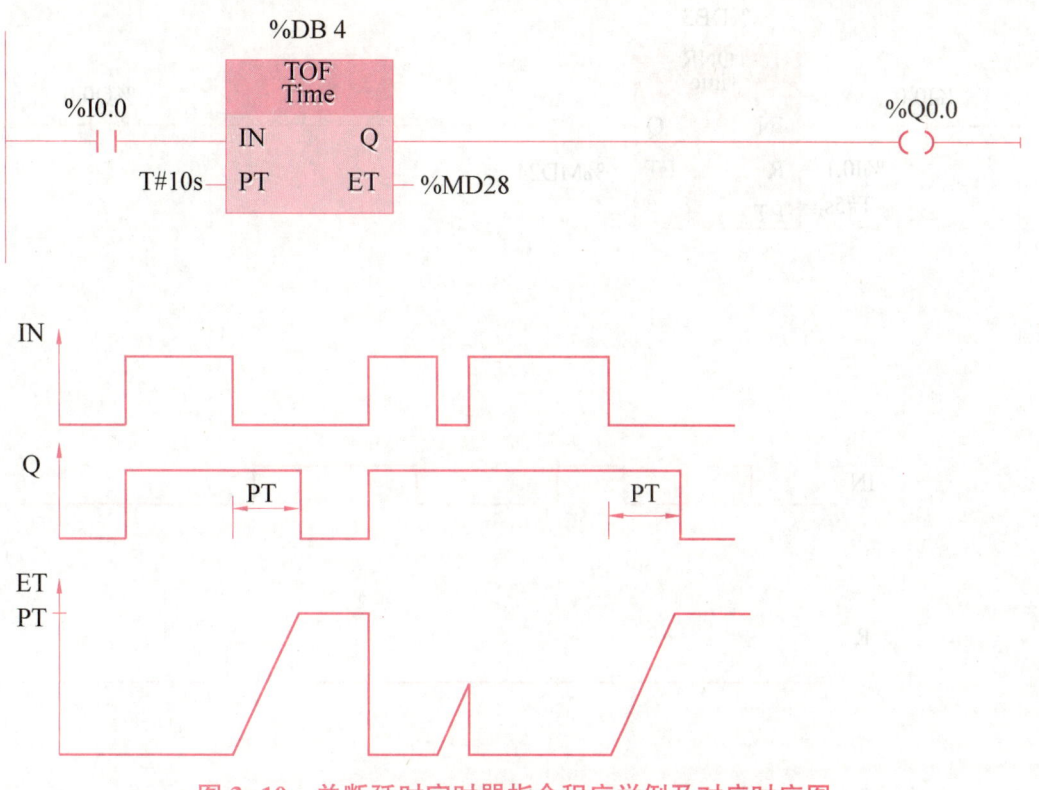

图 3-10　关断延时定时器指令程序举例及对应时序图

二、时间累加器指令(TONR)

时间累加器指令如图 3-11 所示。如图 3-12 所示，只要 I0.0 断开，IN 为"0"时，Q 即输出"0"，Q0.0 断开。I0.0 接通，IN 从"0"变为"1"，定时器启动。当 ET<PT，IN 为"1"时，则 ET 保持计时，I0.0 断开，IN 为"0"时，ET 立即停止计时并保持。当 ET=PT 时，Q 立即输出"1"，Q0.0 接通，ET 立即停止计时并保持，直到 I0.0 断开，IN 变为"0"，ET 回到"0"。在任意时刻，只要 I0.1 变为高电平，R 就为"1"，Q 输出"0"，Q0.0 断开，ET 立即停止计时并回到"0"。当 I0.1 由高电平变为低电平时 R 从"1"变为"0"，如果此时 I0.0 接通，则 IN 为"1"，定时器启动。

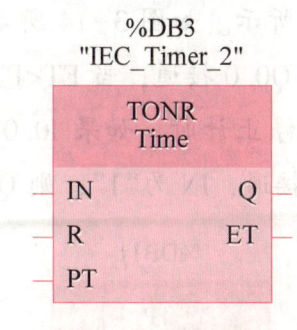

图 3-11　时间累加器指令

图 3-12 时间累加器指令程序举例及对应时序图

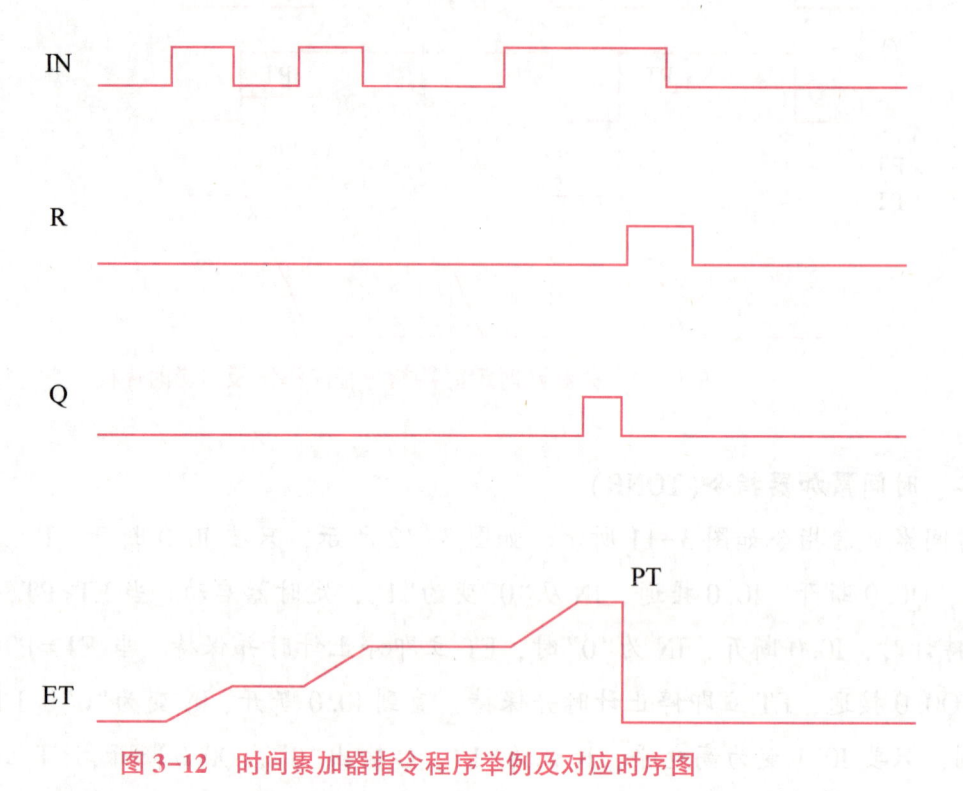

三、生成脉冲定时器指令(TP)

生成脉冲定时器指令如图 3-13 所示。如图 3-14 所示，当 I0.0 接通时，IN 从"0"变为"1"，定时器启动，Q 立即输出"1"，Q0.0 接通；当 ET<PT 时，IN 的改变不影响 Q 的输出和 ET 的计时。当 ET=PT 时，ET 立即停止计时，如果 I0.0 断开，IN 为"0"，则 Q 输出"0"，Q0.0 断开，ET 回到"0"。如果 I0.0 接通，IN 为"1"，则 Q 输出"1"，Q0.0 接通，ET 保持。

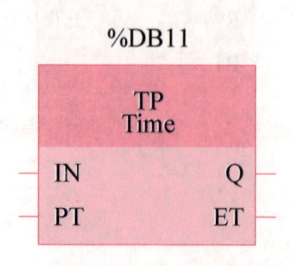

图 3-13 生成脉冲定时器指令

图 3-14　生成脉冲定时器指令程序举例及对应时序图

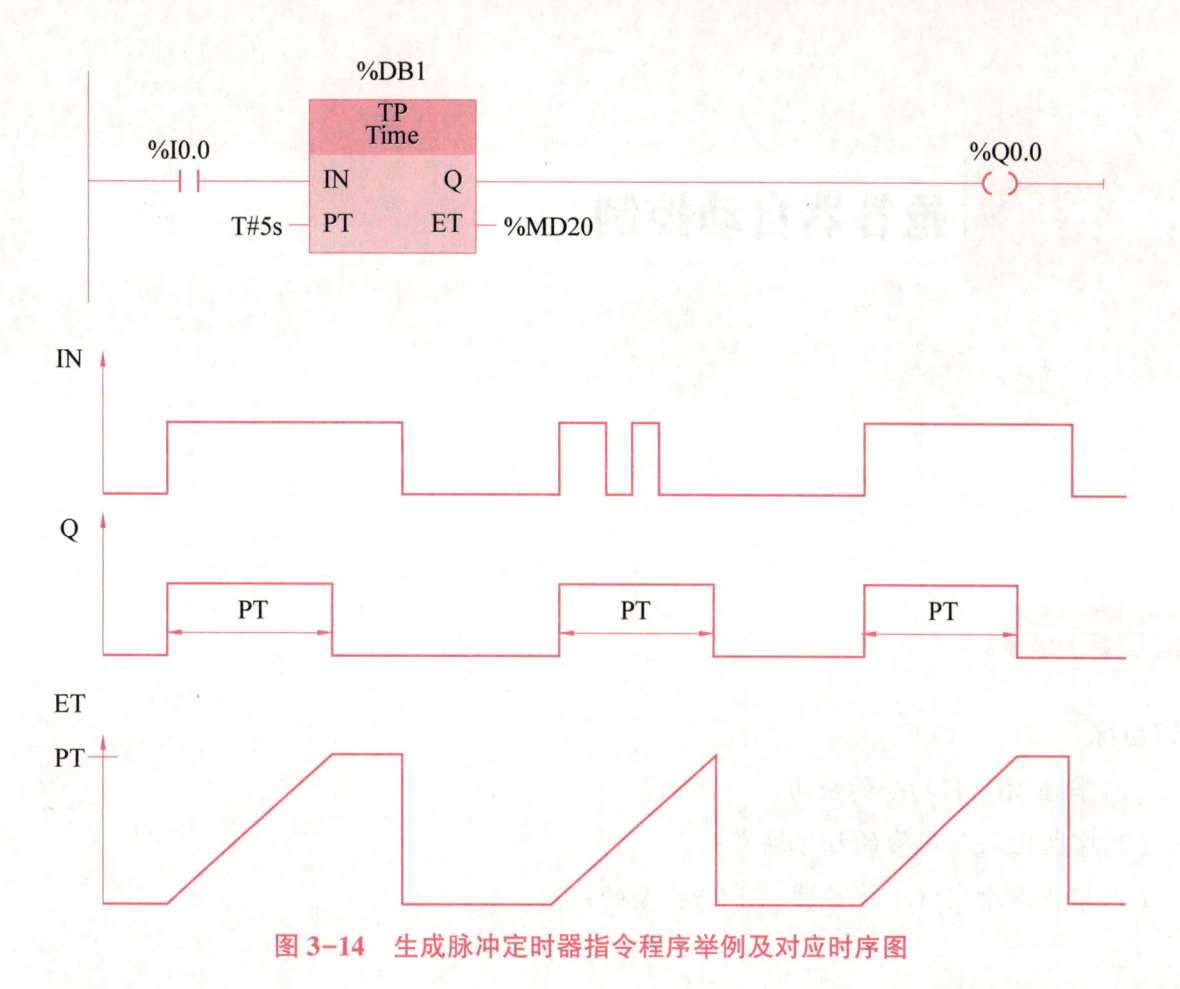

四、复位定时器指令(RT)

当 I0.0 接通时，IN 从"0"变为"1"，定时器启动，Q 立即输出"1"，Q0.0 接通。当 ET<PT 时，IN 的改变不影响 Q 的输出和 ET 的计时。当 ET＝PT 时，ET 立即停止计时，如果 I0.0 断开，IN 为"0"，则 Q 输出"0"，Q0.0 断开，ET 回到"0"。如果 I0.0 接通，IN 为"1"，则 Q 输出"1"，Q0.0 接通，ET 保持。

项目总结

本项目的主要目的是以三相异步电动机 Y-△ 降压启动运行控制为例，使用接通延时定时器指令将三相异步电动机 Y-△ 降压启动控制电路改造为 PLC 控制电路。使用定时器指令可创建编程的时间延时。用户程序中可以使用的定时器数仅受 CPU 存储器容量的限制。每个定时器均使用 16 个字节的 IEC_TIMER 数据类型的 DB 结构来存储功能框或线圈指令顶部指定的定时器数据。STEP 会在插入指令时自动创建 DB。同学们可以根据任务的要求合理选用相应的定时器指令进行编程。

项目四 抢答器自动控制

项目目标

知识目标：

(1) 掌握 MOVE 指令的应用；
(2) 掌握七段数码管的程序编写；
(3) 掌握递增(INC)和递减(DEC)指令的应用。

能力目标：

(1) 学会抢答器的设计方法；
(2) 能熟练应用 MOVE 指令控制程序。

素质目标：

(1) 能主动学习，在完成任务的过程中发现问题，分析问题和解决问题；
(2) 能与小组成员协商、交流配合完成本项目；
(3) 严格遵守安全规范。

项目背景

如今在知识竞赛、文体娱乐活动中都会用到抢答器，PLC 智能抢答器是最简单的竞赛抢答系统，具有结构简单、操作方便、安全可靠、造价低、发展前景广阔、功能强大等优点。抢答器广泛用于电视台娱乐性质的竞赛抢答活动，为竞赛增添了刺激性，丰富了人们的业余生活。抢答器在竞赛中能准确、公正、直观地判断出第 1 抢答者。抢答器通过指示灯显示、数码管显示和警示蜂鸣等手段指示第 1 抢答者，如图 4-1 所示。

项目四 抢答器自动控制

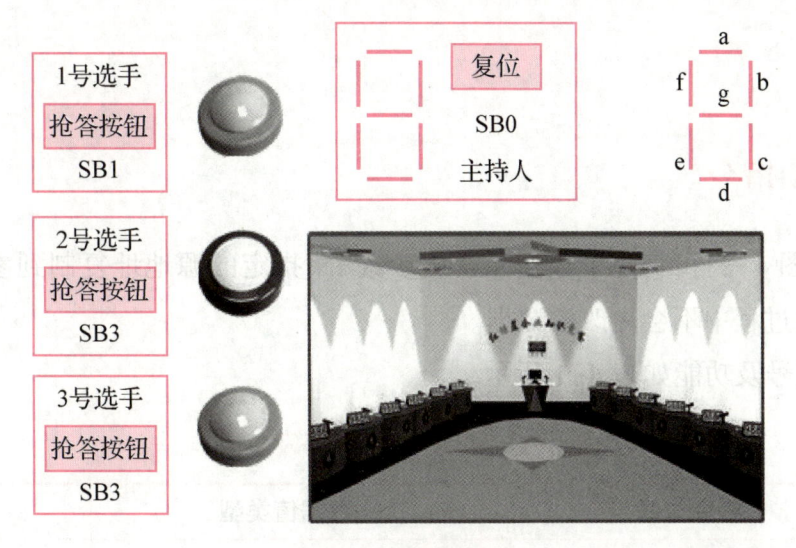

图4-1 抢答器示例

项目引入

本项目设计一个智能抢答器，重点使用MOVE指令设计控制程序。

抢答器的控制要求如下。

一、初始状态

主持人允许抢答指示灯和3盏抢答信号灯均为熄灭状态，此时不能抢答。

二、竞赛开始

当主持人发出开始抢答指令时，允许抢答指示灯亮起，3组选手中最先按下抢答器按钮的选手对应的指示灯常亮，数码管显示该组编号以指示抢答成功，并对其后的抢答信号不再响应。

三、停止操作

选手答题完毕后，由主持人按下复位按钮，抢答器回到初始状态，等待下一轮抢答。

项目分析

（1）抢答器同时供3组选手参加比赛，分别用3个按钮SB1~SB3表示。

（2）给竞赛主持人设置2个控制按钮，用来控制开始、复位。

（3）抢答器具有置位功能，即选手按下按钮，相应指示灯常亮。

（4）选手抢答实行优先锁存，优先抢答选手的指示灯常亮且一直保持到主持人将抢答器复位为止。其他选手的指示灯则无法点亮。

49

知识储备

一、MOVE 指令

MOVE 指令（图 4-2）可将单个数据元素从参数 IN 指定的源地址复制到参数 OUT1 指定的目标地址。在移动过程中不会更改源数据。

MOVE 指令符号及功能如表 4-1 所示。

表 4-1 移动值指令符号及功能

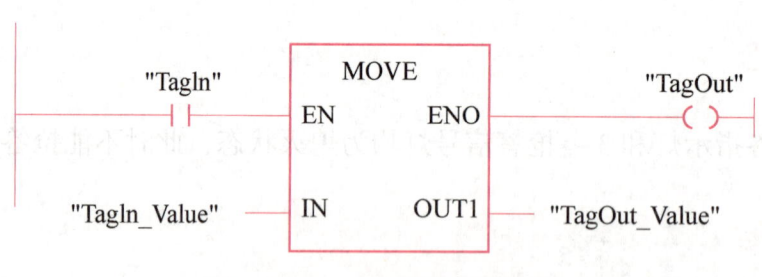

基本指令	指令符号	数据值类型	指令功能
移动值指令	MOVE EN — ENO <???> — IN OUT1 — <???>	位字符串、整数、浮点数、定时器、日期时间、Char、WChar、Struct、Array、IEC 数据类型、PLC 数据类型（UDT）	用于将 IN 输入端的源数据复制给 OUT1 输出的目的地址，并且转换为 OUT1 指定的数据类型，源数据保持不变

图 4-2 MOVE 指令应用举例

同一条指令的输入参数和输出参数的数据类型可以不同，例如可以将 MB0 中的数据传送到 MW2。如果将 MW4 中超过 255 的数据传送到 MB6，则只是将 MW4 的低位字节（MB5）中的数据传送到 MB6，应避免出现这种情况。

要添加 MOVE 输出，请单击"创建"（Create）图标，或用鼠标右键单击现有 OUT1 参数之一的输出短线，并选择"插入输出"（Insert output）命令。

要删除输出，请在其中一个现有 OUT1 参数（多于两个原始输出时）的输出短线处单击鼠标右键，并选择"删除"（Delete）命令。

二、七段数码管

七段数码管是基于发光二极管（LED）封装的显示器件，通过对其不同的管脚输入对应的电流，使其发亮，从而显示数字。七段数码管能够显示时间、日期、温度等所有可用数字表示的参数。七段数码管在电器领域，特别是家电领域应用极为广泛，如显示屏、空调、热水器、冰箱等。绝大多数热水器用的都是七段数码管，其他家电也用液晶屏与荧光屏。

七段数码管式数字仪表以其高精度、可设置等优点在医用设备的显示领域得到了广泛应用。

数码管按驱动模式分为共阴极和共阳极两种结构。共阴极（图4-3）：公共端为阴极，加阳极数码管点亮，即当真值为"1"时，数码管点亮，真值为"0"时，数码管不亮。共阳极：公共端为阳极，加阴极数码管点亮，即当真值为"0"时，数码管点亮，真值为"1"时，数码管不亮。

dp	g	f	e	d	c	b	a	display	十六进制
0	0	1	1	1	1	1	1	0	0x3f
0	0	0	0	0	1	1	0	1（右）	0x06
0	1	0	1	1	0	1	1	2	0x5b
0	1	0	0	1	1	1	1	3	0x4f
0	1	1	0	0	1	1	0	4	0x66
0	1	1	0	1	1	0	1	5	0x6d
0	1	1	1	1	1	0	1	6	0x7d
0	0	0	0	0	1	1	1	7	0x07
0	1	1	1	1	1	1	1	8	0x7f
0	1	1	0	1	1	1	1	9	0x6f
0	1	1	1	0	1	1	1	A	0x77
0	1	1	1	1	1	0	0	B	0x7c
0	0	1	1	1	0	0	1	C	0x39
0	1	0	1	1	1	1	0	D	0x5e
0	1	1	1	1	0	0	1	E	0x79
0	1	1	1	0	0	0	1	F	0x71

图4-3 共阴极数码管真值表

数码管按管数可分为七段数码管和八段数码管，区别在于八段数码管比七段数码管多一个用于显示小数点的发光二极管单元dp（decimal point）。以八段数码管为例，其引脚对应关系和接线形式如图4-4所示。

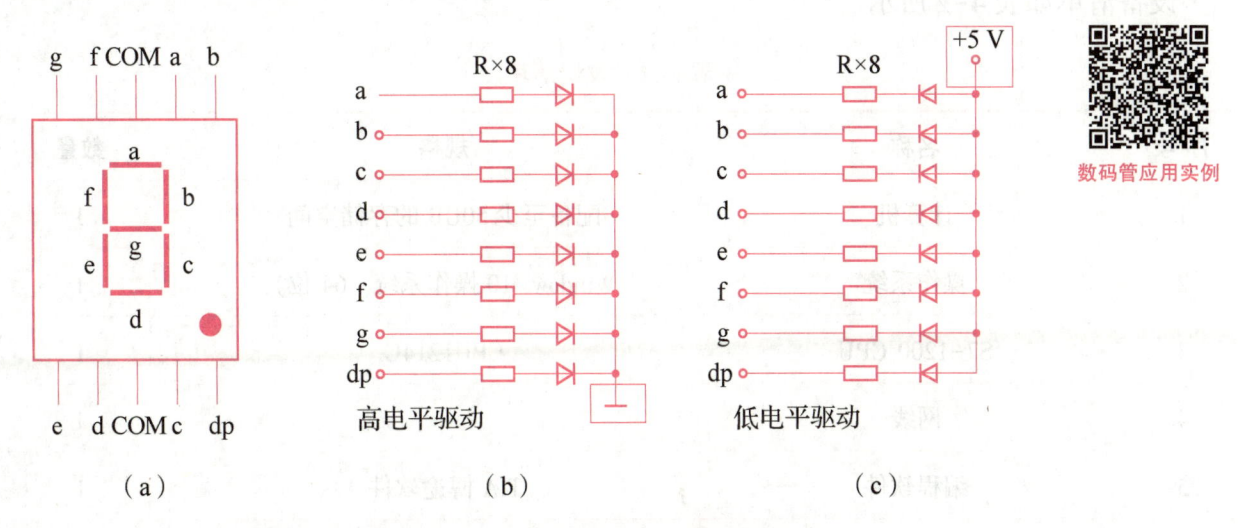

图4-4 八段数码管引脚对应关系和接线形式
(a)符号和引脚；(b)共阴极；(c)共阳极

PLC 编程与应用(西门子)

人生启迪

抢答器的主要功能就是以快慢确定优先抢答的选手，关键在于"抢"，当第一个选手按下抢答器按钮后，其他选手即使按下抢答器按钮也失去了答题的机会。其实，人生的成长也是需要积极进取的，特别是一些学习、工作的机会也是要个人积极争取的，现在的学习也不例外。

在 2021 年 4 月召开的全国职业教育大会传达了习近平总书记的重要指示。习近平总书记对职业教育工作做出重要指示，强调在全面建设社会主义现代化国家新征程中，职业教育前途广阔、大有可为。要坚持党的领导，坚持正确的办学方向，坚持立德树人，优化职业教育类型定位，深化产教融合、校企合作，深入推进育人方式、办学模式、管理体制、保障机制改革，稳步发展职业本科教育，建设一批高水平职业院校和专业，推动职普融通，增强职业教育适应性，加快构建现代职业教育体系，培养更多高素质技术技能人才、能工巧匠、大国工匠。

中职学生正处于中等职业教育学习阶段，在国家加快构建现代职业教育体系的时代，要锐意进取、刻苦学习，立志成为高质素技术技能人才，为国家建设贡献力量。

项目实施

依据抢答器自动控制系统的控制要求，完成编程与调试。

抢答器自动控制

一、设备清单

设备清单如表 4-2 所示。

表 4-2 设备清单

序号	名称	规格	数量
1	计算机	配备至少 50GB 的存储空间	1
2	操作系统	Windows 10 操作系统（64 位）	1
3	S7-1200 CPU	CPU1214C	1
4	网线	—	1
5	编程软件	TIA 博途软件	1
6	三色灯控制模拟板	与 PLC 和电源匹配	1

二、I/O 分配表

I/O 分配表如表 4-3 所示。

表 4-3 I/O 分配表

类别	名称	数据类型	地址	功能
输入端	SB1	Bool	I0.1	启动按钮
	SB2	Bool	I0.2	复位按钮
	SB3	Bool	I0.3	A 组抢答按钮
	SB4	Bool	I0.4	B 组抢答按钮
	SB5	Bool	I0.5	C 组抢答按钮
输出端	A	Bool	Q0.0	数码管引脚 A 状态
	B	Bool	Q0.1	数码管引脚 B 状态
	C	Bool	Q0.2	数码管引脚 C 状态
	D	Bool	Q0.3	数码管引脚 D 状态
	E	Bool	Q0.4	数码管引脚 E 状态
	F	Bool	Q0.5	数码管引脚 F 状态
	G	Bool	Q0.6	数码管引脚 G 状态
	HLM	Bool	Q1.0	允许抢答指示灯
	HL1	Bool	Q1.1	A 组指示灯
	HL2	Bool	Q1.2	B 组指示灯
	HL3	Bool	Q1.3	C 组指示灯
存储器	允许抢答	Bool	M10.0	抢答标志位
	1 号抢答	Bool	M10.1	1 号抢答标志位
	2 号抢答	Bool	M10.2	2 号抢答标志位
	3 号抢答	Bool	M10.3	3 号抢答标志位
	上升沿 1	Bool	M10.4	上升沿标志位

三、PLC 硬件接线

根据任务分析，进行 PLC 硬件接线，如图 4-5 所示。

PLC 编程与应用(西门子)

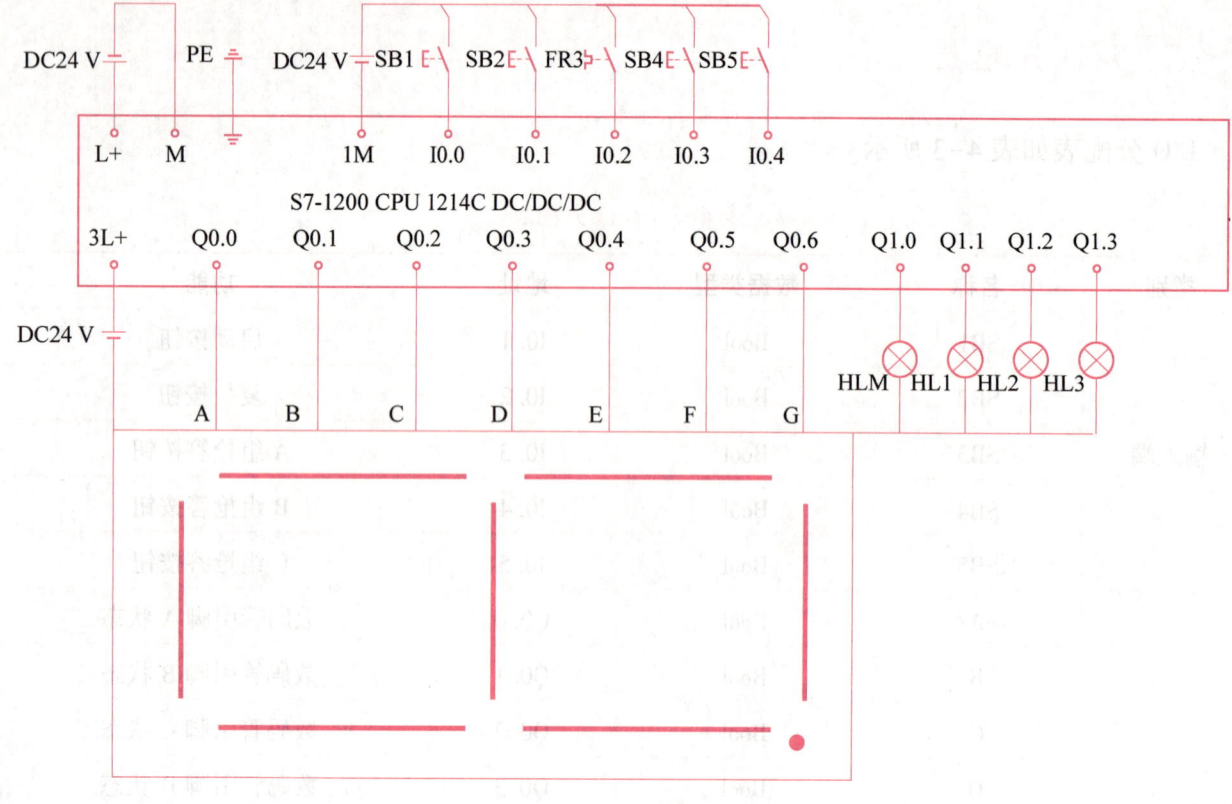

图 4-5　PLC 硬件接线图

四、编写梯形图程序

抢答器自动控制梯形图程序如图 4-6 所示。

程序段 1：……

注释

```
  %I0.1        P_TRIG      %M10.1      %M10.2      %M10.3      %M10.0
  "SB1"       CLK   Q     "A组抢答"    "B组抢答"    "C组抢答"   "抢答状态"
   ─┤├────────┤    ├──────┤/├─────────┤/├─────────┤/├─────────( S )──
                %M10.4
               "上升沿1"
```

程序段 2：……

注释

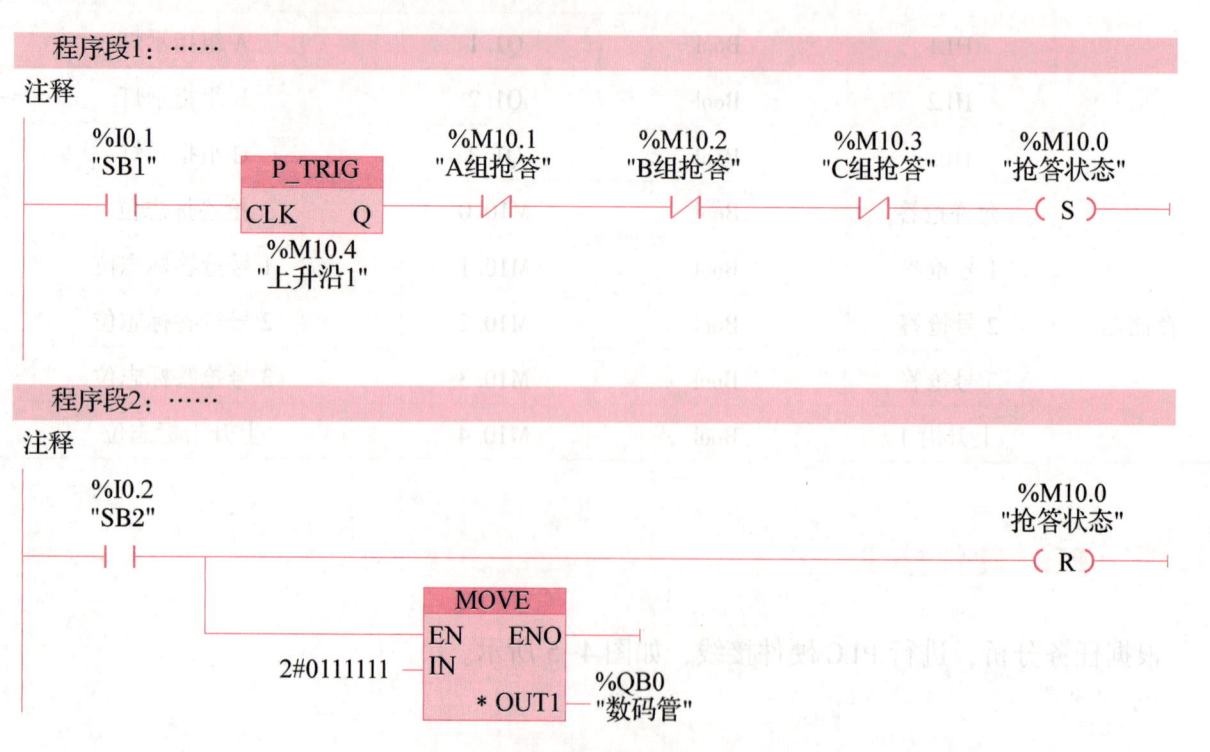

```
  %I0.2                                                        %M10.0
  "SB2"                                                       "抢答状态"
   ─┤├──┬─────────────────────────────────────────────────────( R )──
        │        MOVE
        │     ┌────────┐
        │     │EN   ENO│
        └─────┤        │
     2#0111111─┤IN      │
              │    OUT1├──  %QB0
              └────────┘   "数码管"
```

图 4-6　抢答器自动控制梯形图程序

54

程序段3：……
注释

```
    %M10.0                                              %Q1.0
   "抢答状态"                                            "HLM"
─────┤├──────────────────────────────────────────────────( )─────
```

程序段4：……
注释

```
    %I0.3       %M10.2      %M10.3      %M10.0         %M10.1
    "SB3"      "B组抢答"    "C组抢答"   "抢答状态"      "A组抢答"
─┬──┤├─────┬───┤/├─────────┤/├─────────┤├──────────────( )─────
 │          │
 │  %M10.1  │
 │ "A组抢答"│
 └──┤├─────┘
```

程序段5：……
注释

```
    %I0.4       %M10.1      %M10.3      %M10.0         %M10.2
    "SB4"      "A组抢答"    "C组抢答"   "抢答状态"      "B组抢答"
─┬──┤├─────┬───┤/├─────────┤/├─────────┤├──────────────( )─────
 │          │
 │  %M10.2  │
 │ "B组抢答"│
 └──┤├─────┘
```

程序段6：……
注释

```
    %I0.5       %M10.2      %M10.1      %M10.0         %M10.3
    "SB5"      "B组抢答"    "A组抢答"   "抢答状态"      "C组抢答"
─┬──┤├─────┬───┤/├─────────┤/├─────────┤├──────────────( )─────
 │          │
 │  %M10.3  │
 │ "C组抢答"│
 └──┤├─────┘
```

图4-6　抢答器自动控制梯形图程序(续)

程序段7：……

注释

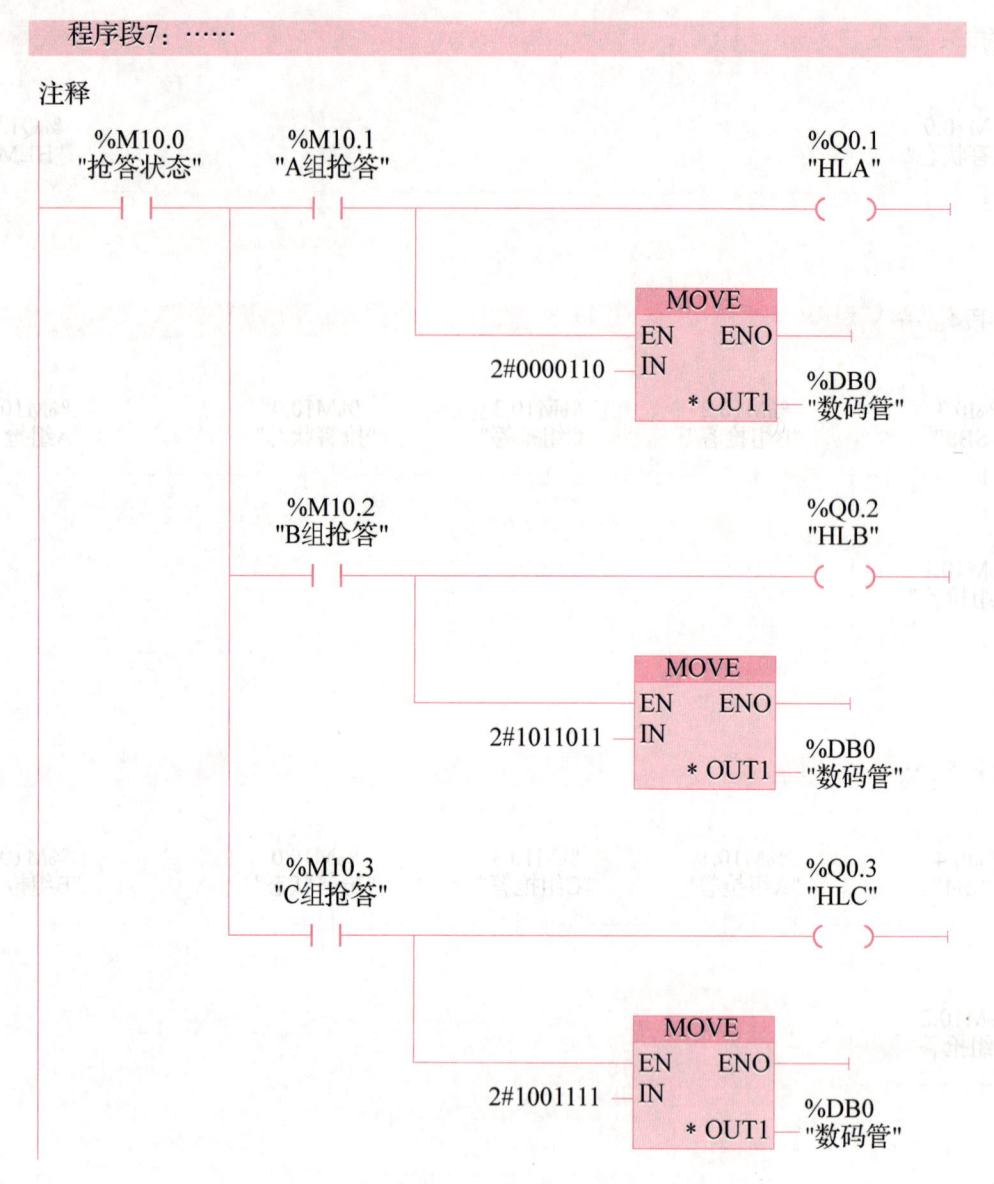

```
   %M10.0    %M10.1                              %Q0.1
  "抢答状态"  "A组抢答"                            "HLA"
────┤ ├──────┤ ├──────────────────────────────────( )────
    │                                    
    │                         ┌─────────────┐
    │                         │    MOVE     │
    │                         │  EN    ENO  │
    │              2#0000110 ─┤IN           │
    │                         │       *OUT1 ├── %DB0
    │                         └─────────────┘   "数码管"
    │
    │    %M10.2                              %Q0.2
    │   "B组抢答"                             "HLB"
    ├────┤ ├──────────────────────────────────( )────
    │                         ┌─────────────┐
    │                         │    MOVE     │
    │                         │  EN    ENO  │
    │              2#1011011 ─┤IN           │
    │                         │       *OUT1 ├── %DB0
    │                         └─────────────┘   "数码管"
    │
    │    %M10.3                              %Q0.3
    │   "C组抢答"                             "HLC"
    └────┤ ├──────────────────────────────────( )────
                              ┌─────────────┐
                              │    MOVE     │
                              │  EN    ENO  │
                   2#1001111 ─┤IN           │
                              │       *OUT1 ├── %DB0
                              └─────────────┘   "数码管"
```

图 4-6　抢答器自动控制梯形图程序（续）

五、实训步骤

（1）将 PLC 主机上的电源开关断开，按照图 4-5 所示 PLC 硬件接线图进行 PLC 输入、输出端的电路连接，注意 24V 电源的正、负极不要短接，以防止电路短路，损坏 PLC 触点。

（2）接通 PLC 主机上的电源开关，将 PLC 置于 STOP 状态，将 STEP 软件中的控制程序下载到 PLC 中，下载完毕后，将 PLC 置于 RUN 状态。

（3）接通三色灯控制模块电源，具体操作步骤如下。

①在开始抢答之前，主持人需按下开始抢答按钮 SB1，输入信号 I0.1 有效，将 M10.0 置位为"1"，其常开触点控制输出信号 Q1.0 为 ON，开始抢答指示灯亮。

②如果 1 号抢答成功，输入信号 I0.3 有效，M10.1 为 ON，其常开触点 M10.1 闭合，输出

信号 Q1.1 为 ON，1 号抢答灯亮，此次抢答有效，数码管显示数字为"1"。

③与此同时 M10.1 的常闭触点断开，2 号、3 号抢答器均无效。其他情况与 1 号抢答的过程类似。

④当主持人按下抢答器复位按钮时，输入信号 I0.2 有效，使 M10.0 复位，输出信号 Q1.0、Q1.1 均为 OFF，抢答开始指示灯熄灭，数码管显示数字为"0"，一次抢答结束，等待下次抢答。

⑤2 号、3 号抢答器与 1 号抢答器的原理完全相同。

项目评价

任务完成情况如表 4-4 所示。

表 4-4 任务完成情况

项目	主要内容	考核要求	评分标准	配分	扣分	得分	小计
任务完成情况	I/O 分配	1. 列出 PLC I/O 分配表 2. 画出程序设计流程图	1. 电路设计不全，每处扣 2 分 2. 输入/输出地址遗漏，每处扣 2 分 3. 设计流程图错误，每处扣 2 分	10			
	程序设计及输入	1. 根据程序设计流程图，编写梯形图程序 2. 熟练操作 PLC 键盘，正确将所编程序传送到 PLC	1. 不能熟练操作计算机键盘输入指令，扣 2 分 2. 梯形图表达不正确或画法不规范，每处扣 5 分 3. 不能熟练地将程序下载到 PLC 中，扣 5 分	30			
	布线工艺	按工艺要求用导线将输入、输出元器件连接起来（采用线槽、软线连接）	1. 布线不符合要求，每根扣 2 分 2. 接点不符合要求，每点扣 2 分 3. 损伤导线绝缘，每根扣 5 分 4. 漏套或错套编码套管，每个扣 1 分	20			
	运行调试	按被控设备的动作要求进行调试，达到控制要求	1. 一次试车不成功，扣 5 分 2. 不能进行程序调试，扣 1~5 分 3. 不能达到控制要求，扣 1~10 分	20			

续表

项目	主要内容	考核要求	评分标准	配分	扣分	得分	小计
综合能力	职业素养	学习主动性	1. 学习主动性差，学习准备不充分，扣 2 分	10			
		团队沟通合作	2. 团队合作意识差，缺乏协作精神，扣 2 分				
		语言表达	3. 语言表达不规范，扣 2 分				
		工作效率	4. 时间观念不强，工作效率低，扣 2 分				
		工作质量	5. 不注重工作质量与工作成本，扣 2 分				
	安全文明生产	安全生产规程操作	1. 安全意识差，不按安全生产规程操作，扣 10 分	10			
		劳动保护用品	2. 劳动保护用品穿戴不整齐，扣 10 分				
		清理工作现场	3. 施工后不清理现场，扣 5 分				
定额时间		15min，每超时 5min 扣 5 分					
备注		除定额时间外，各项目的最高扣分不应超过配分数		合计	100		
开始时间			结束时间		实际用时		

> 知识扩展

七段显示码指令 SEG

七段显示码指令 SEG 专用于 S7-1500 PLC 输出端外接七段数码管的显示控制。它是将所指定源字（IN）的 4 个十六进制数都转换为 7 段显示的等价位模式。该指令的结果在参数 OUT 中以双字形式输出。其优点在于不需要使用人工计算需要显示的数码数据。

七段显示码指令 SEG 符号及功能如表 4-5 所示。

表 4-5　七段显示码指令 SEG 符号及功能

基本指令	指令符号	参数	数据类型	存储区	说明
七段显示码指令	SEG EN　ENO <???>─IN　OUT─<???>	IN	Word	I、Q、M、D、L、P 或常量	以 4 个十六进制数表示的源字
		OUT	DWord	I、Q、M、D、L、P	7 段显示的位模式

指令功能：当 EN 有效时，将字节型输入数据 IN 的低 4 位对应的七段显示码输出到 OUT 指定的字节单元（如果该字节单元是输出继电器字节 QB，则 QB 可直接驱动数码管）。

例如：设 QB0.0~QB0.7 分别连接数码管的 a、b、c、d、e、f、g 及 dp（数码管共阴极连接），显示 VB1 中的数值（设 VB1 的数值在 0~F 内）。

设 VB1 = 00000100 = 4。

执行指令：SEG VB1, QB0;

结果：VB1 的数据不变，QB0 = 01100110（"4"的共阴极七段显示码），该信号使数码管显示"4"。

项目总结

本项目的难点主要有两个方面，一是抢答互锁与主持人开始、复位的优先级的逻辑关系，二是数码管数据的输出及应用。MOVE 指令是数据输出的关键指令，同学们要深刻理解 MOVE 指令的含义和用法，并通过反复练习熟练掌握数码管的使用方法及抢答器的逻辑关系。

项目五　天塔之光自动控制

项目目标

知识目标：

(1) 理解线圈型定时器指令的功能及应用；

(2) 掌握顺序控制的概念；

(3) 掌握天塔之光自动控制程序的动作过程。

能力目标：

(1) 具备熟练应用线圈型定时器指令等基本指令编写控制程序的能力；

(2) 能正确绘制单序列顺序功能图；

(3) 具备编写天塔之光自动控制程序的能力。

素质目标：

(1) 能主动学习，在完成任务的过程中发现问题，分析问题和解决问题；

(2) 能与小组成员协商、交流配合完成本项目；

(3) 严格遵守安全规范。

项目背景

随着科学技术和社会经济的不断发展，城市的装饰有了很大的变化。在城市的夜晚，大街小巷都布满了五颜六色的彩灯，给城市带来了气息和活力，给人们带来很大的视觉冲击力（图5-1）。有的城市将彩灯很好地配置安装在主要建筑物上，使之绚丽多彩，有的城市则利

项目五　天塔之光自动控制

用彩灯装扮街道，给当地吸引了丰富的旅游资源。本项目通过运用 PLC 定时器指令来实现各霓虹灯按一定的规律点亮和熄灭的功能。

图 5-1　城市灯光效果

项目引入

天塔之光自动控制系统由 9 盏霓虹灯以及启动按钮、停止按钮所组成。通过 PLC 控制实现不同的灯光效果，其结构示意（天塔之光模块）如 5-2 所示。

天塔之光控制要求如下。

一、初始状态

灯塔上的各个灯均为熄灭状态。

二、启动操作

按下启动按钮(SB1)，灯 L1 亮，延时 2s 后灯灭；灯 L2、L3、L4、L5 一起亮，延时 2s 后灯灭，灯 L6、L7、L8、L9 一起亮，延时 2s 后灯灭，灯 L1 又亮，依此循环下去。

三、停止操作

按下停止按钮(SB2)，所有灯灭。

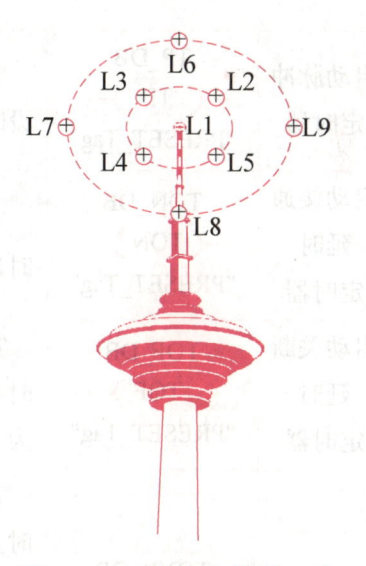

图 5-2　天塔之光模块示意

项目分析

根据任务要求，天塔之光控制系统的闪烁过程可以设定为 4 个状态，即所有灯停止熄灭状态，灯 L1 亮状态，L2、L3、L4、L5 四盏灯亮状态，L6、L7、L8、L9 四盏灯亮状态。因此，

61

将"所有灯停止熄灭状态"设为初始步，其他 3 个状态分别设定为 M0.1、M0.2、M0.3。每个状态之间的转换间隔为 2s，设定 3 个定时器为步与步之间的转换条件。

知识储备

定时器指令是 PLC 中专门用于实现延时的一类指令。自动控制系统中经常会遇到时间控制的问题，需要用定时器指令来实现此功能。前面学习了功能块型定时器指令，本项目主要学习线圈型定时器指令的格式及用法。

一、线圈型定时器指令

S7-1200 PLC 线圈型定时器指令有启动脉冲定时器、启动接通延时定时器、启动关断延时定时器、时间累加器、加载持续时间以及复位定时器。

线圈型定时器指令符号及功能如表 5-1 所示。

表 5-1 线圈型定时器指令符号及功能

基本指令	指令符号	指令功能	PT 和 IN 功能框参数和相应线圈参数的变化
启动脉冲定时器	TP_DB —(TP)— "PRESET_Tag"	TP 定时器可生成具有预设时间宽度的脉冲	• 定时器运行期间，更改 PT 没有任何影响。 • 定时器运行期间，更改 IN 没有任何影响
启动接通延时定时器	TON_DB —(TON)— "PRESET_Tag"	TON 定时器在预设的延时过后将输出 Q 设置为 ON	• 定时器运行期间，更改 PT 没有任何影响。 • 定时器运行期间，将 IN 更改为 FALSE 会复位并停止定时器
启动关断延时定时器	TOF_DB —(TOF)— "PRESET_Tag"	TOF 定时器在预设的延时过后将输出 Q 重置为 OFF	• 定时器运行期间，更改 PT 没有任何影响。 • 定时器运行期间，将 IN 更改为 TRUE 会复位并停止定时器
时间累加器	TONR_DB —(TONR)— "PRESET_Tag"	TONR 定时器在预设的延时过后将输出 Q 设置为 ON。在使用 R 输入重置经过的时间之前，会跨越多个定时时段，一直累加经过的时间	• 定时器运行期间更改 PT 没有任何影响，但对定时器中断后继续运行会有影响。 • 定时器运行期间将 IN 更改为 FALSE 会停止定时器，但不会复位定时器。将 IN 改回 TRUE 将使定时器从累计的时间值开始定时
加载持续时间	TON_DB —(PT)— "PRESET_Tag"	PT（预设定时器）线圈会在指定的 IEC_Timer 中装载新的 PRESET 时间值	—

续表

基本指令	指令符号	指令功能	PT 和 IN 功能框参数和相应线圈参数的变化
复位定时器	TON_DB —(RT)—	RT（复位定时器）线圈会复位指定的 IEC_Timer	—

1. 定时器线圈

-(TP)-、-(TON)-、-(TOF)- 和 -(TONR)- 定时器线圈必须是 LAD 网络中的最后一个指令。

如定时器示例中所示，后面网络中的触点指令会求出定时器线圈 IEC_Timer DB 数据中的 Q 位值。同样，如果要在程序中使用经过的时间值，必须访问 IEC_Timer DB 数据中的 ELAPSED 元素（图 5-3）。

```
"Tag_Input"                                    "DB1".MyIEC_Timer
    ─| |─────────────────────────────────────────( TP )─
                                                "Tag_Time"
```

图 5-3　定示器示例（1）

当 Tag_Input 位的值由 0 转换为 1 时，脉冲定时器启动。定时器开始运行并持续 Tag_Time 时间值指定的时间（图 5-4）。

```
"DB1".MyIEC_
  Timer.Q                                      "Tag_Output"
    ─| |─────────────────────────────────────────( )─
```

图 5-4　定示器示例（2）

只要定时器运行，就存在 DB1. MyIEC_Timer. Q 状态=1 且 Tag_Output 值=1。当经过 Tag_Time 值后，DB1. MyIEC_Timer. Q=0 且 Tag_Output 值=0。

2. 重置定时器 -(RT)- 和预设定时器 -(PT)- 线圈

这些线圈可与功能框或线圈型定时器一起使用并可放置在中间位置。线圈输出能流状态始终与线圈输入状态相同。

若 -(RT)- 线圈激活，指定 IEC_Timer DB 数据中的 ELAPSED 时间元素将重置为 0。若 -(PT)- 线圈激活，则使用所分配的时间间隔值加载指定 IEC_Timer DB 数据中的 PRESET 时间元素。

二、顺序控制概述

1. 顺序控制的定义

所谓顺序控制，就是按照生产工艺预先规定的顺序，在各个输入信号的作用下，根据内部状态和时间的顺序，在生产过程中使各个执行机构自动有秩序地进行操作。采用 PLC 的顺序控制设计法会达到事半功倍的效果。

所谓顺序控制设计法，又称为步进控制设计法，它是一种先进的设计方法，很容易被初学者接受，有经验的工程师也会使用该方法提高设计的效率，程序的调试、修改和阅读也很方便。使用顺序控制设计法时，首先根据系统的工艺过程画出顺序功能图，然后根据顺序功能图编写梯形图程序。

2. 顺序控制设计法的基本思想

将系统的一个工作周期划分为若干个顺序相连的阶段，这些阶段称为步（step），并用编程元件（M 和 S）代表各步。使系统由当前步进入下一步的信号称为转换条件，转换条件可以是外部的输入信号，如按钮、指令开关、限位开关的接通/断开等；也可以是 PLC 内部产生的信号，如定时器、计数器常开触点的接通等；转换条件还可能是若干个信号的与、或、非逻辑组合。

顺序控制设计法用转换条件控制代表各步的编程元件，让它们的状态按一定的顺序变化，然后用代表各步的编程元件控制各输出继电器。

3. 顺序控制设计法的本质

PLC 的经验设计法实际上是试图用输入信号 X 直接控制输出信号 Y，如图 5-5（a）所示。如果无法直接控制或为了解决记忆、联锁、互锁等功能，可被动地增加一些辅助元件和辅助触点。由于各系统输出量 Q 与输入量 I 之间的关系和对联锁、互锁的要求千变万化，故不可能找出一种简单、有效、通用的设计方法。

顺序控制设计法是用输入量 I 控制代表各步的编程元件（如辅助继电器 M 或 S），再用它们控制输出量 Q，如图 5-5（b）所示。步是根据输出量 Q 的状态划分的，M（或 S）与 Q 之间具有很简单的"与"的逻辑关系，输出电路的设计极为简单。任何复杂系统的代表步的辅助继电器的控制电路，其设计方法都是相同的，并且很容易掌握，因此顺序控制设计法具有简单、规范、通用的优点。由于 M（或 S）是依次顺序为 I/O 状态的，所以实际上已经基本解决了经验设计法中的记忆、联锁、互锁等问题。

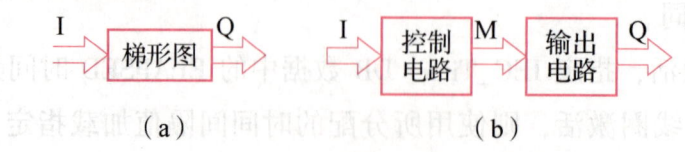

图 5-5 两种设计方法的信号关系
（a）经验设计法；（b）顺序控制设计法

4. 顺序功能图的组成

顺序功能图又称为功能流程图或状态转移图，它是一种描述顺序控制系统的图形表示方法，是专用于工业顺序控制程序设计的一种功能性说明语言。它能完整地描述控制系统的工作过程、功能和特性，是分析、设计电气控制系统控制程序的重要工具。

顺序功能图主要由步(状态)、转换、转换条件、有向线段、动作(命令)等元素组成。如果适当运用组成元素，就可得到控制系统的静态表示方法，再根据转移触发规则模拟系统的运行，就可以得到控制系统的动态过程。

1) 步

顺序控制设计法最基本的思想是将系统的一个工作周期的划分为若干个顺序相连的阶段，这些阶段称为步，可以用编程元件(例如辅助继电器 M 和顺序控制继电器 S)代表各步。

按下启动按钮 I0.0，Q0.0 变为 ON，引风机启动，同时用定时器 T37 定时，5s 后开启鼓风机，Q0.1 变为 ON。按下停止按钮 I0.1，Q0.1 变为 OFF，鼓风机停止运行，同时定时器 T38 定时；5s 后 Q0.0 变为 OFF，根据 Q0.0 与 Q0.1 的 ON/OFF 状态的变化，显然一个工作周期可以分为引风机运行、鼓风机运行、鼓风机停止、引风机停止这 4 步，另外还应设置等待启动的初始步，由于最后一步鼓风机停止与初始步状态相同，所以分别用 M0.0~M0.3 代表这 4 步，图 5-6 是系统时序图，图 5-7 是描述该系统的顺序功能图，图中用矩形方框表示步，方框中可以用数字表示该步的编号，一般用代表该步的编程元件的元件号作为步的编号，如 M0.0 等，这样根据顺序功能图设计梯形图程序较为方便。

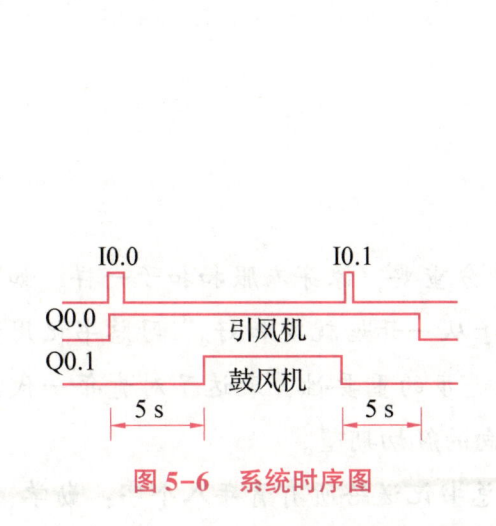

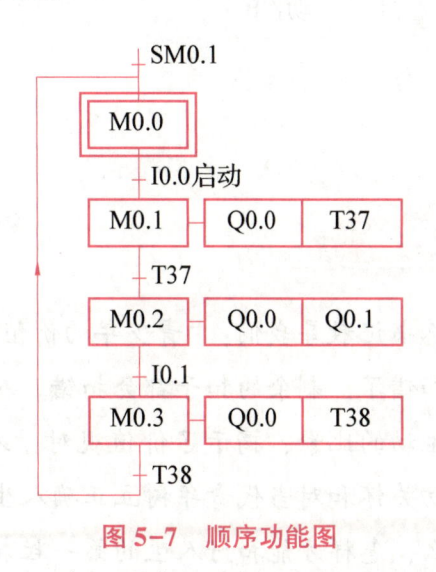

图 5-6 系统时序图

图 5-7 顺序功能图

(1) 表示方法：用矩形方框，方框中可以用数字、编程元件的地址作为步的编号。

(2) 初始步：与系统的初始状态相对应的步称为初始步，初始状态一般是系统等待启动命令的相对静止的状态。初始步用双线方框表示，每一个顺序功能图至少应该有一个初始步。

(3) 活动步：当系统正处于某一步所在的阶段时，该步处于活动状态，称该步为"活动步"。

步处于活动状态时，相应的动作被执行，处于不活动状态时，相应的非存储型动作被停止执行。

如果某一步有几个动作，可以用图 5-8 中的两种画法来表示，但是并不隐含这些动作之间的任何顺序。说明命令的语句应清楚地表明该命令是存储型的还是非存储型的。例如某步的存储型命令"打开 1 号阀并保持"，是指该步为活动步时打开阀门，该步为不活动步时继续打开阀门；非存储型命令"打开 1 号阀"，是指该步为活动步时打开阀门，为不活动步时关闭阀门。

2）有向连线与转换条件

（1）有向连线：从上到下或从左至右箭头不标，反之标出，如图 5-9 所示。

（2）转换：用有向连线上与有向连线垂直的短划线来表示，将相邻两步隔开。

（3）转换条件：转换条件是与转换相关的逻辑命题，转换条件可以用文字语言、布尔代数表达式或图形符号标注在表示转换的短线旁边，使用得最多的是布尔代数表达式。

为了便于将顺序功能图转换为梯形图，最好用代表各步的编程元件的元件号作为步的代号，并且用编程元件的元件号来标注转换条件和各步的动作或命令。

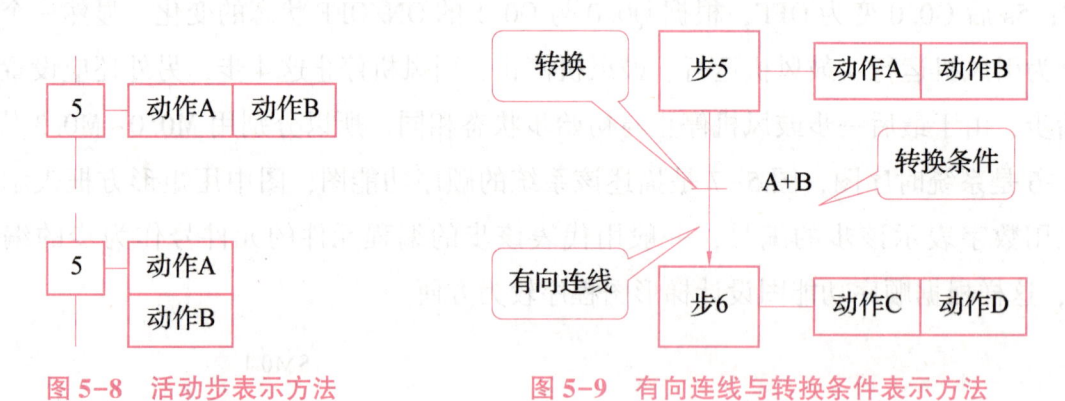

图 5-8　活动步表示方法　　　　图 5-9　有向连线与转换条件表示方法

人生启迪

习总书记教导我们："青少年的价值观养成十分重要，像穿衣服扣扣子一样，如果第一粒扣子扣错了，剩余的扣子都会扣错。人生的扣子从一开始就要扣好。"习总书记用这个朴素而又生动的比喻，揭示了价值观对于人生成长进步的重要性，表达了对青年一代健康成长的热切关怀和对当代青年树立正确人生价值取向的殷切期望。

那么，怎样才能扣好人生的第一粒扣子？习总书记送给所有青年八个字：勤学、修德、明辨、笃实。对于职业院校学生，勤学，就是要下得苦功夫，求得真学问，学习专业知识，苦练技能本领，学习文化知识，提高综合素养；修德，就是要加强道德修养，注重道德实践，坚持明大德、守公德、严私德；明辨，就是要善于明辨是非，善于决断选择，不被错误言论误导，不被错误思想迷惑；笃实，就是要扎扎实实干事，踏踏实实做人。

项目五 天塔之光自动控制

项目实施

依据天塔之光自动控制系统的控制要求，完成编程与调试。

天塔之光自动控制

一、设备清单

设备清单如表 5-2 所示。

表 5-2 设备清单

序号	名称	规格	数量
1	计算机	配备至少 50GB 的存储空间	1
2	操作系统	Windows 10 操作系统（64 位）	1
3	S7-1200 CPU	CPU1214C	1
4	网线	—	1
5	编程软件	TIA 博途软件	1
6	天塔之光控制模拟板	与 PLC 和电源匹配	1

二、I/O 分配表

I/O 分配表如表 5-3 所示。

表 5-3 I/O 分配表

类别	名称	数据类型	地址	功能
输入端	SB1	Bool	I0.1	启动按钮
	SB2	Bool	I0.2	停止按钮
输出端	L1	Bool	Q0.0	控制灯 L1 亮
	L2	Bool	Q0.1	控制灯 L2 亮
	L3	Bool	Q0.2	控制灯 L3 亮
	L4	Bool	Q0.3	控制灯 L4 亮
	L5	Bool	Q0.4	控制灯 L5 亮
	L6	Bool	Q0.5	控制灯 L6 亮
	L7	Bool	Q0.6	控制灯 L7 亮
	L8	Bool	Q0.7	控制灯 L8 亮
	L9	Bool	Q1.0	控制灯 L9 亮
存储器	M1	Bool	M0.1	第一步
	M2	Bool	M0.2	第二步
	M3	Bool	M0.3	第三步

数据变量定义表如表 5-4 所示。

表 5-4 数据变量定义表

类别	名称	数据类型	偏移量	设定值/s
T1[DB2]	定时器 T1	Time	—	20
T2[DB3]	定时器 T2	Time	—	10
T3[DB4]	定时器 T3	Time	—	10

三、PLC 硬件接线

根据任务分析，进行 PLC 硬件接线，如图 5-10 所示。

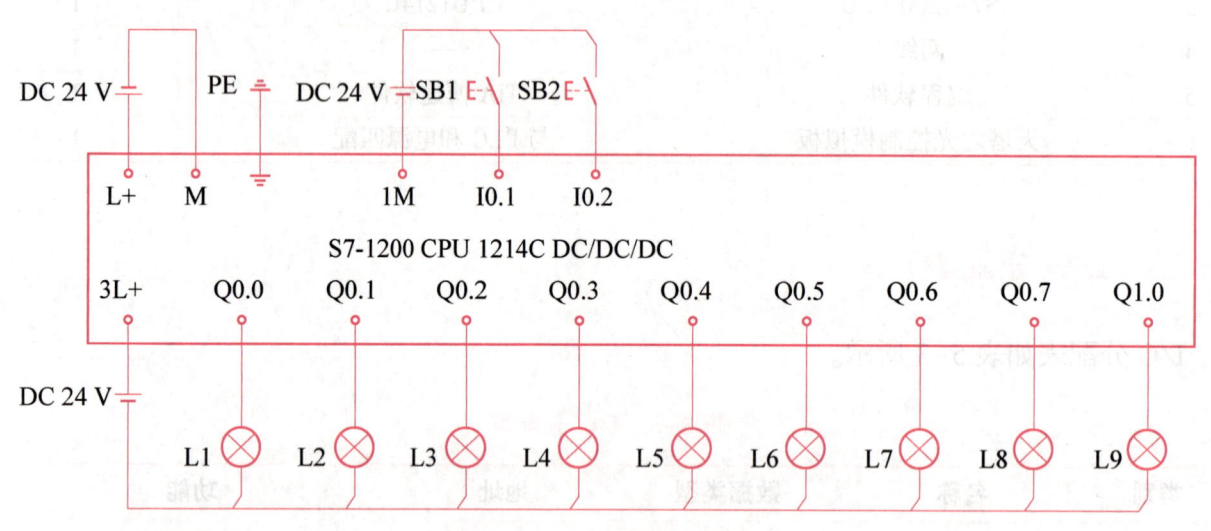

图 5-10 PLC 硬件接线图

四、绘制流程图

天塔之光自动控制流程图如图 5-11 所示。

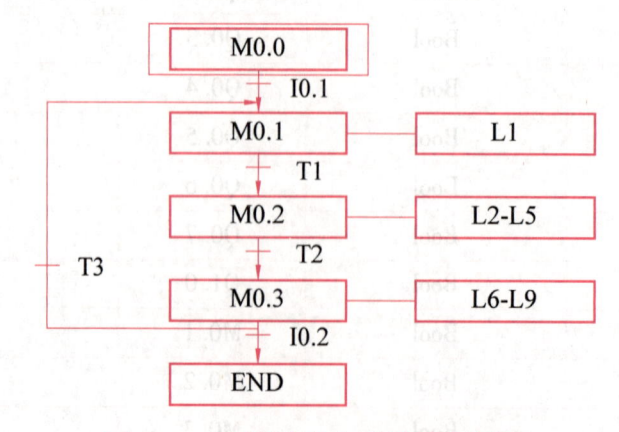

图 5-11 天塔之光自动控制流程图

五、编写梯形图程序

天塔之光自动控制梯形图程序如图 5-12 所示。

程序段1：……
注释

```
    %I0.1      P_TRIG        %I0.2      %M0.2       %M0.1
    "SB1"    CLK     Q       "SB2"       "M2"         "M1"
    ——| |——————————————————|/|————|/|——————( )——
              %M5.0
              "Tag_1"
                                                     %DB1
                                                    "定时器T1"
    %M0.1                                             TON
     "M1"                                             Time
    ——| |——                                           t#2s

    "定时器T3".Q
    ——| |——
```

程序段2：……
注释

```
   "定时器T1".Q    %I0.2     %M0.3                   %M0.2
    ——| |————————|/|———————|/|——————————————( )——
                 "SB2"      "M3"                     "M2"

                                                    %DB2
                                                   "定时器T2"
    %M0.2                                            TON
     "M2"                                            Time
    ——| |——                                          t#2s
```

程序段3：……
注释

```
   "定时器T2".Q    %I0.2     %M0.1                   %M0.3
    ——| |————————|/|———————|/|——————————————( )——
                 "SB2"      "M1"                     "M3"

                                                    %DB3
                                                   "定时器T3"
    %M0.3                                            TON
     "M3"                                            Time
    ——| |——                                          t#2s
```

程序段4：……
注释

```
    %M0.1                                            %Q0.1
   "第一步"                                           "L1"
    ——| |——————————————————————————————————————( )——
```

图 5-12　天塔之光自动控制梯形图程序

69

程序段5：……
注释

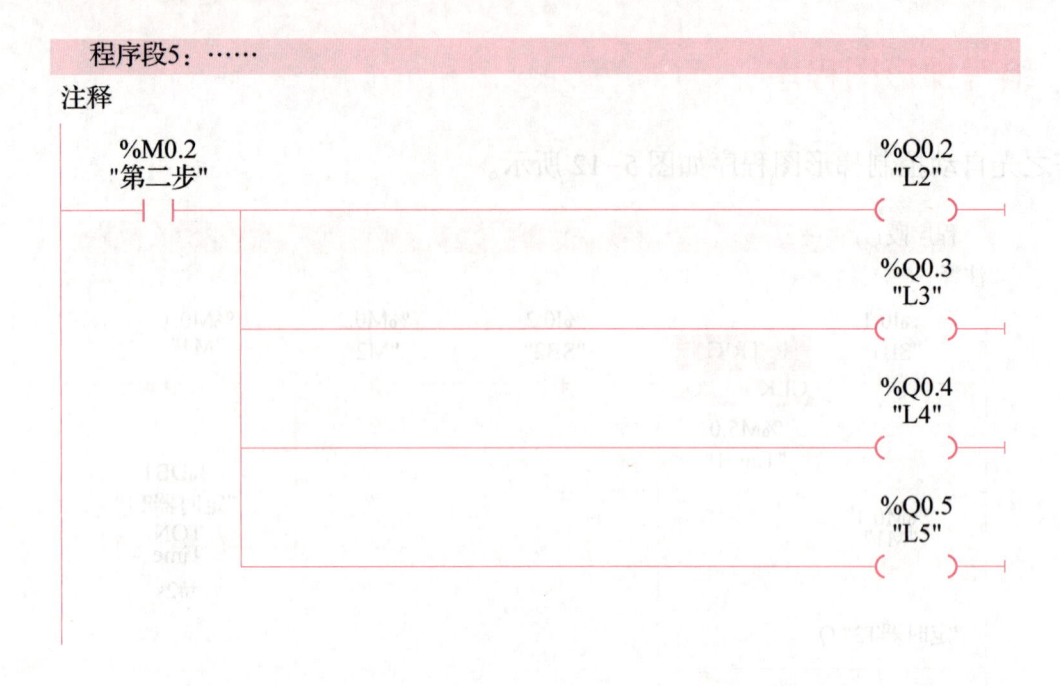

```
    %M0.2                                    %Q0.2
    "第二步"                                   "L2"
─────┤├─────┬─────────────────────────────────( )─────
           │                                 %Q0.3
           │                                  "L3"
           ├─────────────────────────────────( )─────
           │                                 %Q0.4
           │                                  "L4"
           ├─────────────────────────────────( )─────
           │                                 %Q0.5
           │                                  "L5"
           └─────────────────────────────────( )─────
```

程序段6：……
注释

```
    %M0.3                                    %Q0.6
    "第三步"                                   "L6"
─────┤├─────┬─────────────────────────────────( )─────
           │                                 %Q0.7
           │                                  "L7"
           ├─────────────────────────────────( )─────
           │                                 %Q1.0
           │                                  "L8"
           ├─────────────────────────────────( )─────
           │                                 %Q1.1
           │                                  "L9"
           └─────────────────────────────────( )─────
```

图 5-12　天塔之光自动控制梯形图程序(续)

六、实训步骤

（1）将 PLC 主机上的电源开关断开，按照图 5-10 所示 PLC 硬件接线图进行 PLC 输入、输出端的电路连接，注意 24V 电源的正、负极不要短接，以防止电路短路，损坏 PLC 触点。

（2）接通 PLC 主机上的电源开关，将 PLC 置于 STOP 状态，将 STEP 软件中的控制程序下载到 PLC 中，下载完毕后，将 PLC 置于 RUN 状态。

（3）接通天塔之光控制模块电源，具体操作步骤如下。

①在按下启动按钮之前，控制系统处于初始状态，L1~L9灯全部熄灭。
②按下启动按钮SB1，系统启动进入M0.1状态，L1灯点亮。
③L1灯亮2s后，系统进入M0.2状态，L2~L5灯点亮。
④2s后，系统进入M0.3状态，L6~L9灯点亮。
⑤2s后，系统回到M0.1状态，循环M0.1到M0.3的操作步骤。
⑥当按下停止按钮SB2时，系统停止运行，全部灯熄灭。

项目评价

任务完成情况如表5-5所示。

表5-5 任务完成情况

项目	主要内容	考核要求	评分标准	配分	扣分	得分	小计
任务完成情况	I/O分配	1. 列出PLC I/O分配表 2. 画出程序设计流程图	1. 电路设计不全，每处扣2分 2. 输入/输出地址遗漏，每处扣2分 3. 设计流程图错误，每处扣2分	10			
	程序设计及输入	1. 根据程序设计流程图，编写梯形图程序 2. 熟练操作PLC键盘，正确将所编程序传送到PLC	1. 不能熟练操作计算机键盘输入指令，扣2分 2. 梯形图表达不正确或画法不规范，每处扣5分 3. 不能熟练地将程序下载到PLC中，扣5分	30			
	布线工艺	按工艺要求用导线将输入、输出元器件连接起来（采用线槽、软线连接）	1. 布线不符合要求，每根扣2分 2. 接点不符合要求，每点扣2分 3. 损伤导线绝缘，每根扣5分 4. 漏套或错套编码套管，每个扣1分	20			
	运行调试	按被控设备的动作要求进行调试，达到控制要求	1. 一次试车不成功，扣5分 2. 不能进行程序调试，扣1~5分 3. 不能达到控制要求，扣1~10分	20			

续表

项目	主要内容	考核要求	评分标准	配分	扣分	得分	小计
综合能力	职业素养	学习主动性	1. 学习主动性差，学习准备不充分，扣2分	10			
		团队沟通合作	2. 团队合作意识差，缺乏协作精神，扣2分				
		语言表达	3. 语言表达不规范，扣2分				
		工作效率	4. 时间观念不强，工作效率低，扣2分				
		工作质量	5. 不注重工作质量与工作成本，扣2分				
	安全文明生产	安全生产规程操作	1. 安全意识差，不按安全生产规程操作，扣10分	10			
		劳动保护用品	2. 劳动保护用品穿戴不整齐，扣10分				
		清理工作现场	3. 施工后不清理现场，扣5分				
定额时间		15min，每超时5min扣5分					
备注		除定额时间外，各项目的最高扣分不应超过配分数		合计		100	
开始时间			结束时间		实际用时		

知识扩展

顺序功能图的基本结构

顺序控制可根据状态转移的分支情况分为单流程、并行分支、选择性分支、合并分支4种类型，较复杂的顺序控制程序都可以分解为这4种类型的组合，下面逐一介绍。

(1) 单流程。单流程是最简单的顺序控制流程，其动作一个接一个执行，每个状态仅连接一个转移，每个转移也仅连接一个状态，中间没有分支。这里考虑一个有3个步的循环进程，当第3个步完成时，返回第一个步，其循环进程如图5-13所示。

(2) 单序列。单序列由一系列相继激活的步组成，如图5-14所示，每一步的后面仅有一个转换，每一个转换的后面只有一个步。

图 5-13　单流程循环进程

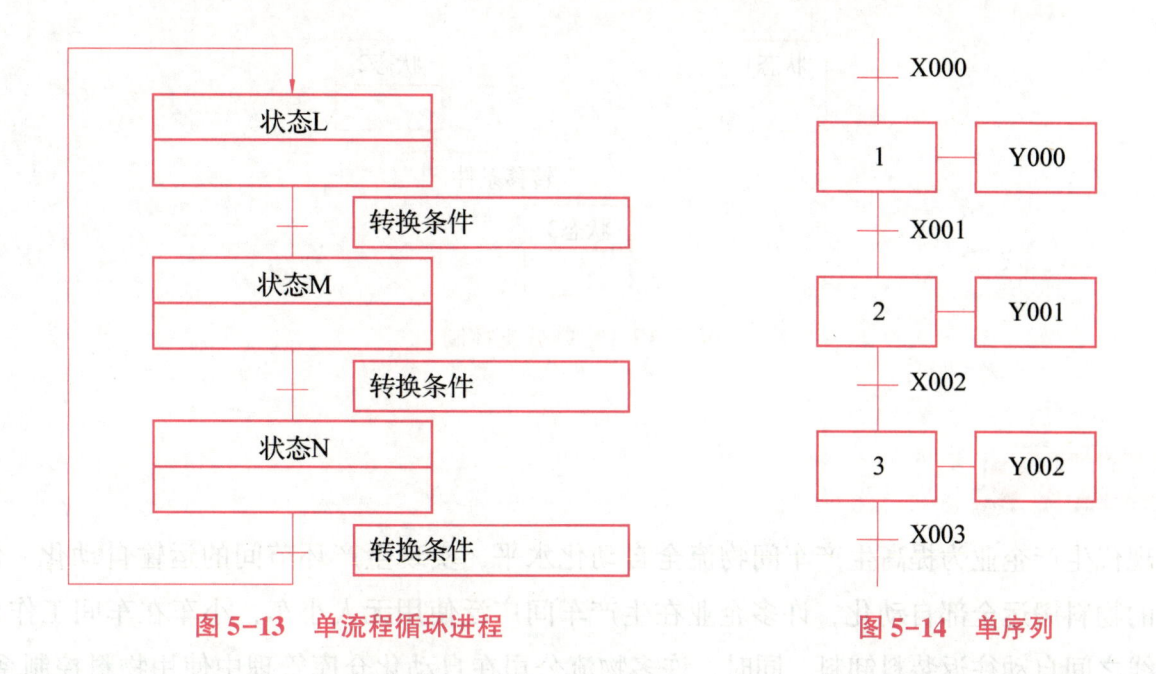

图 5-14　单序列

根据功能流程图，以步为核心，从起始步开始一步一步地设计下去，直至完成。此法的关键是画出功能流程图。首先将被控制对象的工作过程按输出状态的变化分为若干步，并指出各步之间的转换条件和每步的控制对象。

(3) 并行分支。在实际应用中，可能要将一个顺序控制状态流分成两个或多个不同分支控制。当一个控制状态流分解成多个分支时，所有分支的控制状态流必须同时激活。并行分支控制如图 5-15 所示。

(4) 选择性分支。在有些情况下，一个控制状态流可能转入多个可能的控制状态流中的某一个，到底进入哪一个，取决于控制状态流前面的转移条件是否为真。选择性分支控制如图 5-16 所示。

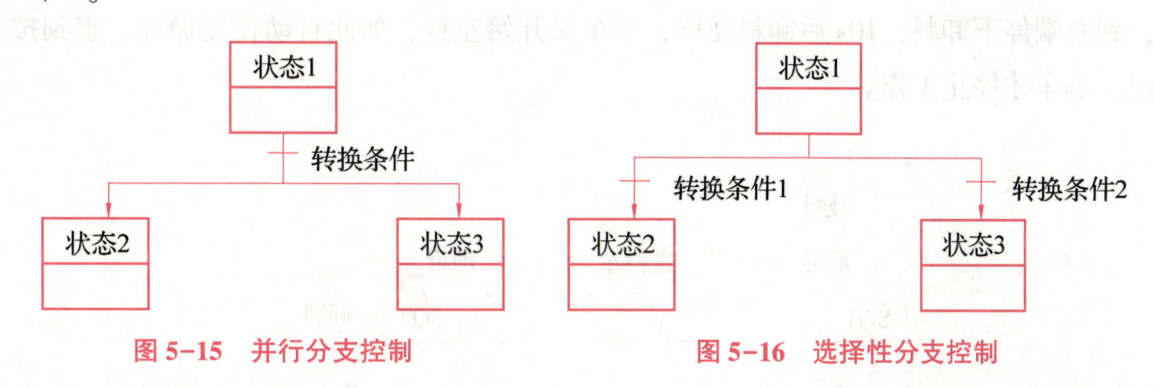

图 5-15　并行分支控制

图 5-16　选择性分支控制

(5) 合并分支。当多个控制状态流产生类似结果时，可以把这些控制状态流合并成一个控制状态流，这称为控制状态流的合并。在合并控制状态流时，所有控制状态流都必须是完成的，这样才能执行下一个状态。合并分支控制如图 5-17 所示。

图 5-17 合并分支控制

技能拓展

现代生产企业为提高生产车间物流全自动化水平，实现生产环节间的运输自动化，使厂房内的物料搬运全部自动化，许多企业在生产车间广泛使用无人小车，小车在车间工作台或生产线之间自动往返装料卸料。同时，许多物流公司在自动化仓库管理中使用物料控制系统，包括电梯的垂直升降控制和水平方向的往返控制。

由于小车自动往返既具有实际意义，而且随着不同企业不同的要求，控制的难度也可以不同，所以小车自动往返可以作为一个典型案例进行模块分析、教学，且随着控制难度的增加，可以进一步学习电力拖动与控制电路、安全用电等多门课程的综合内容。

一、内容与要求

小车在左端（由行程开关 SQ 限位）装料，在右端卸料，小车送料过程如图 5-18 所示。控制要求为：按下左行按钮，小车启动后向左行，到左端停下装料，20s 后装料结束，小车开始右行，到右端停下卸料，10s 后卸料完毕，小车又开始左行，如此自动往复循环，直到按下停止按钮，小车才停止工作。

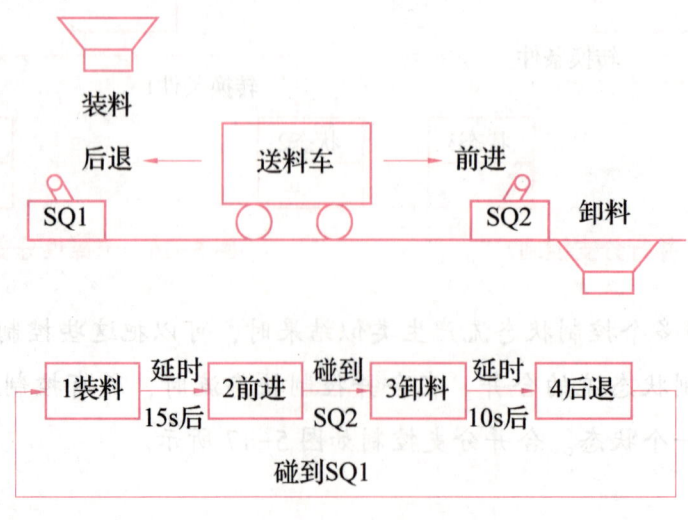

图 5-18 小车送料过程

二、I/O 分配及数据变量定义

该控制要求的 I/O 分配表和数据变量定义表如表 5-6 及表 5-7 所示。

表 5-6 I/O 分配表

类别	名称	数据类型	地址	功能
输入端	SB0	Bool	I0.0	启动按钮
	SB1	Bool	I0.1	右行按钮
	SB2	Bool	I0.2	左行按钮
	SB3	Bool	I0.3	停止按钮
	SQ1	Bool	I0.4	右限位
	SQ2	Bool	I0.5	左限位
输出端	KM1	Bool	Q0.1	右行接触器
	KM2	Bool	Q0.2	左行接触器
存储器	M0	Bool	M0.0	初始步
	M1	Bool	M0.1	第一步
	M2	Bool	M0.2	第二步
	M3	Bool	M0.3	第三步
	M4	Bool	M0.4	第四步

表 5-7 数据变量定义表

类别	名称	数据类型	偏移量	设定值/s
T1[DB2]	定时器 T1	Time	—	20
T2[DB3]	定时器 T2	Time	—	10

三、画出小车往返控制的状态图及顺序功能图

1. 小车往返控制的状态图

通过分析小车往返控制的动作过程,可以很清楚地看到小车的状态只有 5 个,即停止待命状态、左行状态、装料状态、右行状态、卸料状态。每个状态之间都存在相互关系,如图 5-19 所示(右行启动没用)。

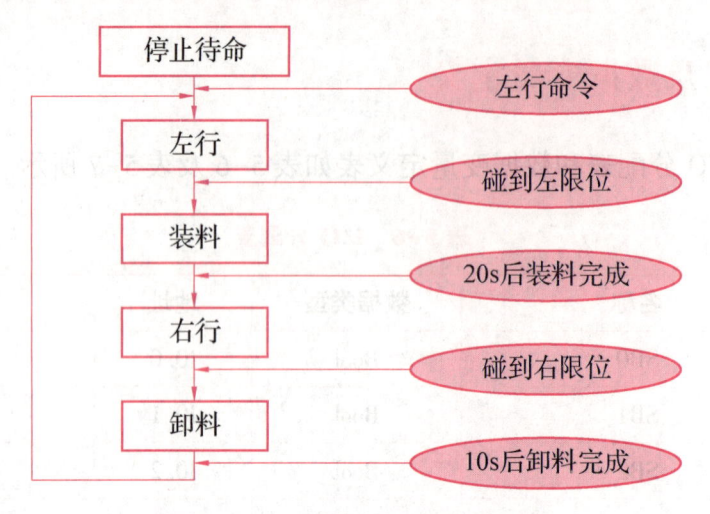

图 5-19 小车往返控制的状态图

2. 小车往返控制的顺序功能图

设计 PLC 顺序控制梯形图程序，通常的做法是先画出 PLC 控制的顺序功能图。对于图 5-19 所示的状态图，把每一个状态都用一个软元件——位存储单元表示，如停止待命状态用 M0.0 表示，左行状态用 M0.1 表示，装料状态用 M0.2 表示，右行状态用 M0.3 表示，卸料状态用 M0.4 表示。每一个状态之间的转换都需要有一定的条件，这些条件可能是外部的，如"左行命令"即 I0.1；也可能是内部的，如"20s 后装料完成"即 T37 定时时间到。那么可以将图 5-19 画成图 5-20，即用符号描述小车往返控制的状态转换，亦即顺序功能图。把每个状态中需要 PLC 输出或者控制的量标注在每个状态后面。

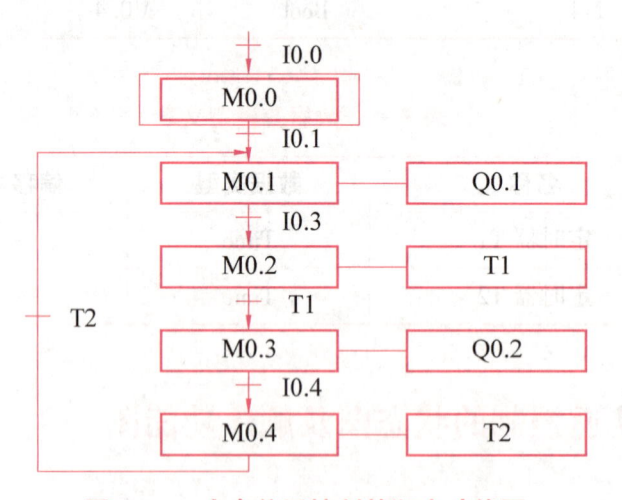

图 5-20 小车往返控制的顺序功能图

3. 设计 PLC 顺序控制梯形图程序

根据顺序功能图，设计"启—保—停"电路的关键是找出它的启动条件和停止条件。根据转换实现的基本规则，转换实现的条件是它的前级步为活动步，并且满足相应的转换条件，步 M0.1 变为活动步的条件是它的前级步 M0.0 为活动步，且二者之间的转换条件 I0.1 为 1。在"启—保—停"电路中，应将代表前级步的 M0.0 的常开触点和代表转换条件的 I0.1 的常开触点串联，作为控制 M0.1 的启动电路。

当 M0.1 和 I0.3 的常开触点均闭合时，步 M0.2 变为活动步，这时步 M0.1 应变为不活动步，因此可以将 M0.2 为 1 作为使存储器位 M0.1 变为 OFF 的条件，即将 M0.2 的常闭触点与 M0.1 的线圈串联。

根据上述的编程方法和顺序功能图，很容易画出小车往返控制的梯形图。PLC 开始运行时应将 M0.0 置为 1，否则系统无法工作，故将仅在第一个扫描周期接通的 SM0.1 的常开触点作为启动电路，启动电路还并联了 M0.0 的自保持触点，后续步 M0.1 的常闭触点与 M0.0 的线圈串联，M0.1 为 Q0.1 线圈"断电"，初始步变为不活动步。

以步 M0.1 为例，由顺序功能图可知，M0.0、M0.4 是它的前级步，M0.0 向 M0.1 转换的条件是 I0.1 的常开触点接通，M0.4 向 M0.1 转换的条件是定时器 T2 的常开触点接通，因此应将 M0.0 和 I0.1 的常开触点串联，作为 M0.1 的启动电路，同时将 M0.4 和 T2 的常开触点串联，作为 M0.1 的启动电路，两个启动电路并联，启动电路还并联了 M0.1 的自保持触点。后续步 M0.2 的常闭触点与 M0.1 的线圈串联，M0.2 为 1 时 M0.1 的线圈"断电"，初始步变为不活动步。

四、程序编写与调试

小车往返控制梯形图程序如图 5-21 所示。

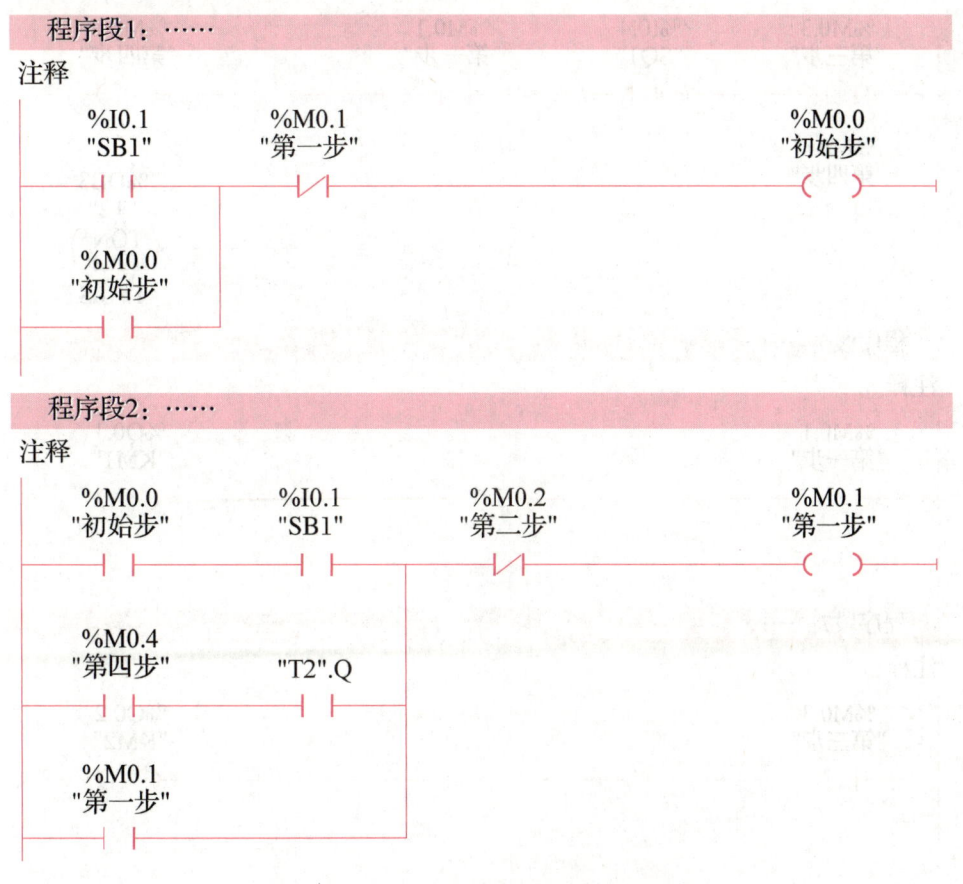

图 5-21 小车往返控制梯形图程序

程序段3：……
注释

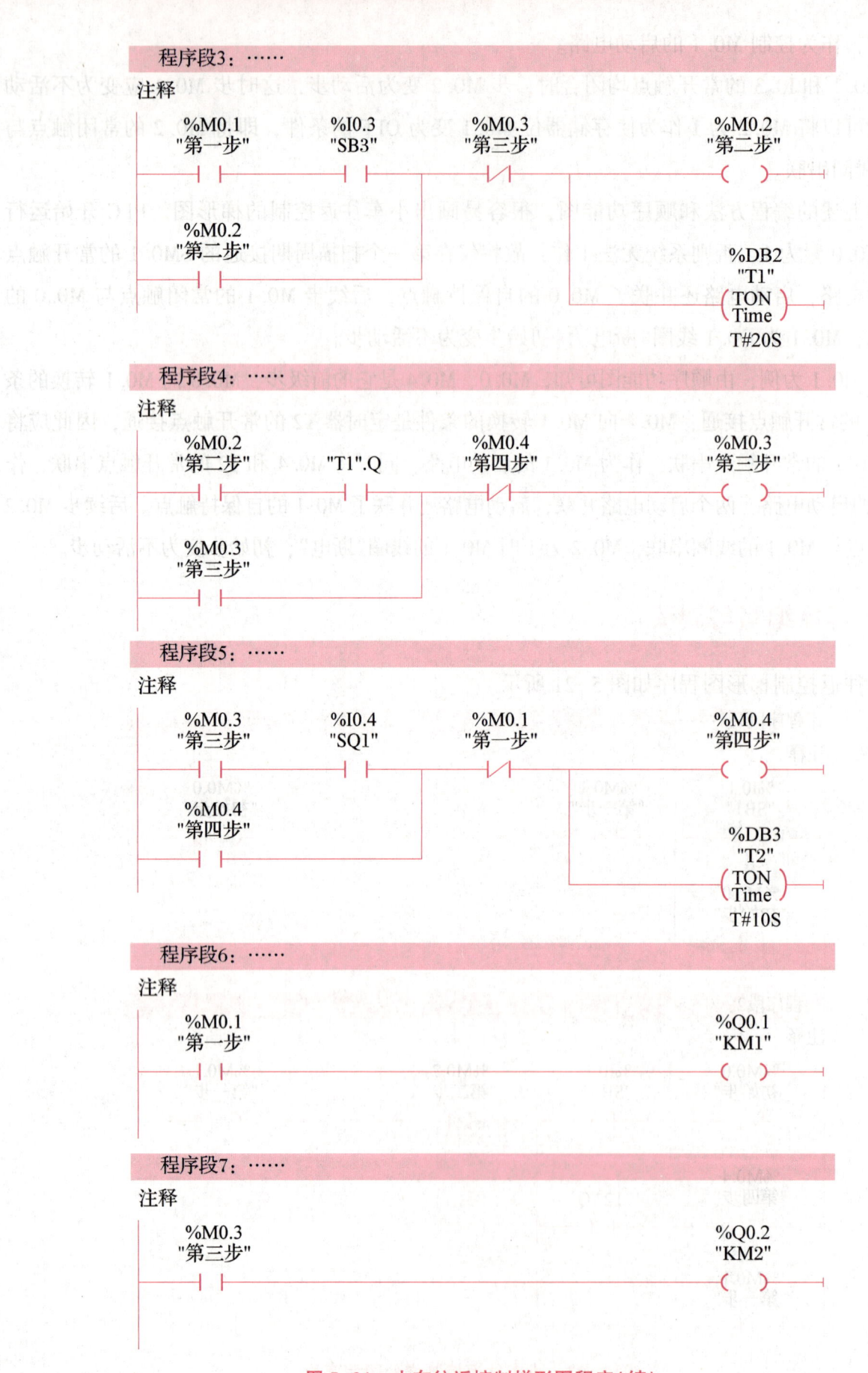

```
  %M0.1    %I0.3    %M0.3                %M0.2
 "第一步"   "SB3"   "第三步"              "第二步"
───┤├──────┤├───────┤/├────────────────────( )───
   │                                         │
  %M0.2                                   %DB2
 "第二步"                                  "T1"
───┤├──                                   (TON)──
                                           Time
                                           T#20S
```

程序段4：……
注释

```
  %M0.2    "T1".Q   %M0.4                %M0.3
 "第二步"           "第四步"              "第三步"
───┤├──────┤├───────┤/├────────────────────( )───
   │
  %M0.3
 "第三步"
───┤├──
```

程序段5：……
注释

```
  %M0.3    %I0.4    %M0.1                %M0.4
 "第三步"   "SQ1"   "第一步"              "第四步"
───┤├──────┤├───────┤/├────────────────────( )───
   │                                         │
  %M0.4                                   %DB3
 "第四步"                                  "T2"
───┤├──                                   (TON)──
                                           Time
                                           T#10S
```

程序段6：……
注释

```
  %M0.1                                   %Q0.1
 "第一步"                                  "KM1"
───┤├──────────────────────────────────────( )───
```

程序段7：……
注释

```
  %M0.3                                   %Q0.2
 "第三步"                                  "KM2"
───┤├──────────────────────────────────────( )───
```

图 5-21　小车往返控制梯形图程序（续）

当控制 M0.1 的"启—保—停"电路的启动电路接通后，M0.1 的常闭触点使 M0.0 的线圈断电。在下一个扫描周期，后者的常开触点断开，使 M0.0 的启动电路断开，由此可知"启—保—停"电路的启动电路接通的时间只有一个扫描周期。因此，必须使用有记忆功能的电路（例如"启—保—停"电路或置位复位电路）来控制代表步的存储器位。

下面介绍设计顺序控制梯形图程序的输出电路部分的方法。由于步是根据输出变量的状态变化来划分的，它们之间的关系极为简单，所以可以分为两种情况来处理。

（1）某一输出量仅在某一步中为 ON，例如图 5-20 的 Q0.1 就属于这种情况。可以将它的线圈与对应步的存储器位 M0.1 的线圈串联。

既然如此，不如用这些输出来代替该步，例如用 Q0.1 代替 M0.1。虽然这样做可以节省一些编程元件，但是存储器位 M 是完全够用的，多用一些不会增加硬件费用，在设计和输入程序时也多花不了多少时间。全部用存储器位代替步，具有概念清楚、编程规范、梯形图易于阅读和查错的优点。

（2）若某一输出在几步中都为 ON，则应将代表各有关步的存储器位的常开触点并联后，驱动该输出的线圈，称为集中输出。

项目总结

本项目通过使用 PLC 线圈型定时器指令，并运用顺序控制的思路先绘制顺序功能图再进行程序编写，使程序的逻辑顺序清晰，提高了程序的可读性。当任务要求变化时，可进行分段修改，缩短停机时间，提高程序编写效率。同学们在今后的学习中，特别在项目任务流程较为复杂时，应多尝试采用顺序控制设计法进行编程。

项目六 水塔水位自动控制

项目目标

知识目标：
(1) 理解正负跳变触点指令的功能及应用；
(2) 掌握水塔水位自动控制程序的动作过程。

能力目标：
(1) 具备熟练应用正负跳变触点等基本指令编写控制程序的能力；
(2) 具备编写水塔水位自动控制程序的能力。

素质目标：
(1) 通过单元模块按钮的规范操作，培养学生的岗位意识；
(2) 通过小组协作，培养学生自主学习的能力。

项目背景

中国的城镇供水具有 140 多年的悠久历史。自 1879 年中国的旅顺建成第一座供水设施开始，到 1949 年，全国只有 60 个城市有供水设施，日供水能力为 186 万 m^3，到 1978 年，全国有 467 个城市建有供水设施，日供水能力为 6 382 万 m^3。改革开放以来，供水事业有了较快的发展，到 1998 年年底，中国 668 个城市具备日供水能力 20 992 万 m^3。另外，全国有 13 922 个小城镇，建有水厂 13 828 座，日供水能力达到 2 111 万 m^3。

随着经济建设的大规模发展，我国城镇给水工程建设也得到了飞速发展，旧式的水塔供

项目六 水塔水位自动控制

水控制系统是通过继电器接触电路控制开停泵机来控制水塔水位的，这种系统的控制电路复杂、维护工作繁重、操作烦琐、可靠性低、故障率高，而且随着供水量的增加供水人员的劳动需求也增加。

随着工控领域的快速发展，PLC因其高可靠性和较高性价比的优势，在工业控制中得到了广泛应用。本项目主要是以水塔水位自动控制为例，通过编写程序，准确有效地控制水塔水位达到供水要求。

项目引入

水塔水位自动控制系统由储水池，水塔，进水电磁阀，出水电磁阀，水泵及4个液位传感器S1、S2、S3、S4所组成。液位传感器用于检测储水池和水塔的临界液位，其结构示意如图6-1所示。

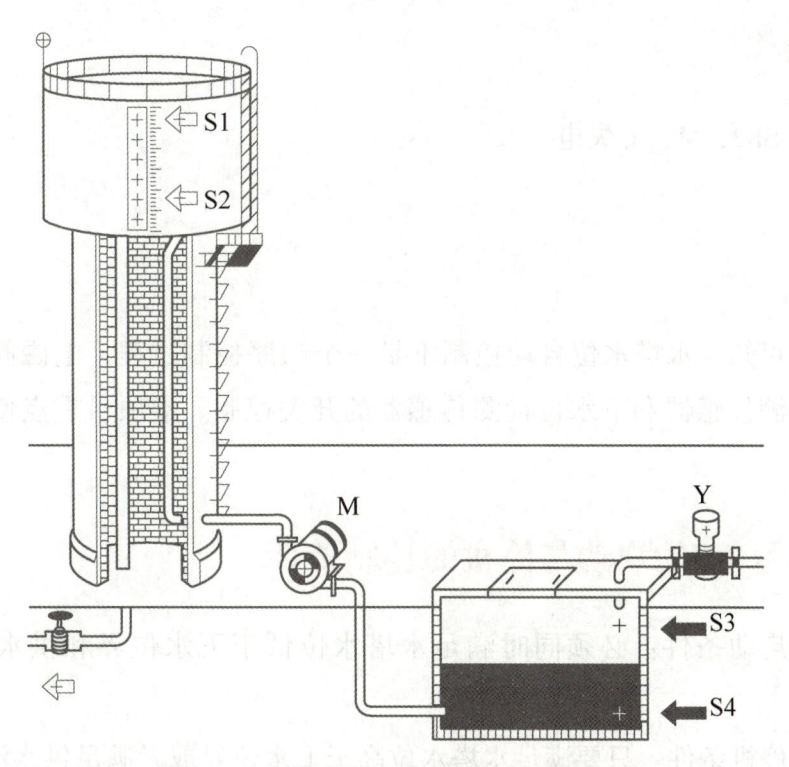

图6-1 水塔水位自动控制系统结构示意

一、初始状态

储水池、水塔均无水，水泵（M）、进水电磁阀（Y）为失电状态，液位传感器S1、S2、S3、S4无信号。

二、启动操作

(1)按下启动按钮 SB1，进水电磁阀 Y 打开，水位开始上升。

(2)当储水池的水位达到其上水位界时，其上水位检测传感器(S3)输出信号，进水电磁阀 Y 关闭，水位停止上升。

(3)在进水电磁阀 Y 关闭的同时，水泵 M 开始动作，将储水池的水传送到水塔中去。

(4)当水塔的水位上升到其上水位界时，其上水位检测传感器(S1)输出信号，水泵 M 停止抽水。

(5)水塔的出水电磁阀根据用户用水的大小可进行调节，当水塔的水位下降到其下水位界时，其下水位检测传感器(S2)停止输出信号，水泵 M 会再次打开。为了保证水塔的水量，储水池也会在其水位处于下水位界(液位传感器 S4 没有信号)时，自动打开进水电磁阀 Y。

三、停止操作

按下停止按钮 SB2，M、Y 失电。

项目分析

根据控制要求可知，水塔水位自动控制不是一个顺序控制过程，电磁阀动作与水泵的运行完全由上水位检测传感器和下水位检测传感器的开关控制。本项目重点使用正负跳变触点指令。

一、确定水泵 M 的启动与停机的控制条件

(1)水泵 M 的启动条件：必须同时满足水塔水位低于下水位界和供水池水位高于下水位界。

(2)水泵 M 的停机条件：只要满足水塔水位高于上水位界或者满足供水池水位低于下水位界即可。

二、确定进水电磁阀 Y 的通电与断电控制条件

(1)进水电磁阀 Y 的通电条件：储水池水位低于下水位界。

(2)进水电磁阀 Y 的断电条件：储水池水位高于上水位界。

(3)在系统启动时，只要储水池水位未到上水位界，就应接通进水电磁阀 Y 进水，直至储水池水位到达上水位界才断开进水电磁阀 Y，停止进水。

三、确定水泵与进水电磁阀的运行需求

水泵或进水电磁阀的驱动应加自锁，这是考虑到水位越过下水位界位后，下水位检测传感器已动作，但由于此时水位未到上水位界，水泵或进水电磁阀仍需要保持运行。

> **知识储备**

一、上升沿触发指令

上升沿触发指令包括 P 触点、P 线圈、P 触发器，如图 6-2 所示。

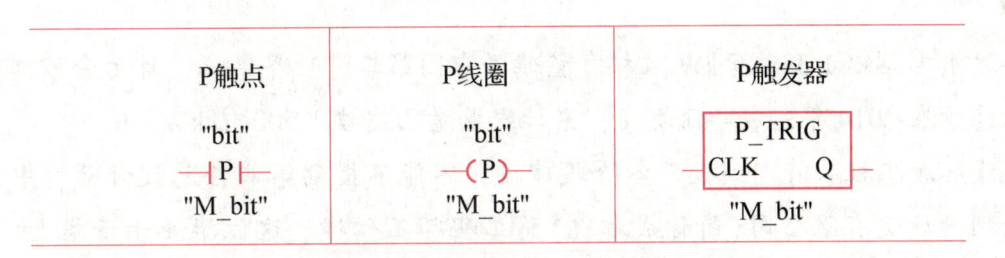

P触点	P线圈	P触发器
"bit" —|P|— "M_bit"	"bit" —(P)— "M_bit"	P_TRIG CLK Q "M_bit"

图 6-2　上升沿触发指令

P 触点中 bit 处为 Bool 型变量，用于检测该变量的跳变沿；M_bit 处为 Bool 型变量，用于保存前一个输入状态的存储器位。当 P 触点检测到 bit 处的位数据值由 0 变 1 的正跳变时，它接通一个扫描周期。

P 线圈中 bit 处为 Bool 型变量，用于指示检测到跳变沿的输出位；M_bit 处为 Bool 型变量，用于保存前一个输入状态的存储器位。当 P 线圈检测到它前面的逻辑状态由 0 变 1 的正跳变时，将 bit 处的位数据值在一个扫描周期内设置为 1。

P 触发器中 M_bit 处为 Bool 型变量，用于保存前一个输入状态的存储器位。当 P 触发器检测到 CLK 输入的逻辑状态由 0 变 1 的正跳变时，在一个扫描周期内 Q 输出为 1。

二、下降沿触发指令

下降沿触发指令包括 N 触点、N 线圈、N 触发器，如图 6-3 所示。

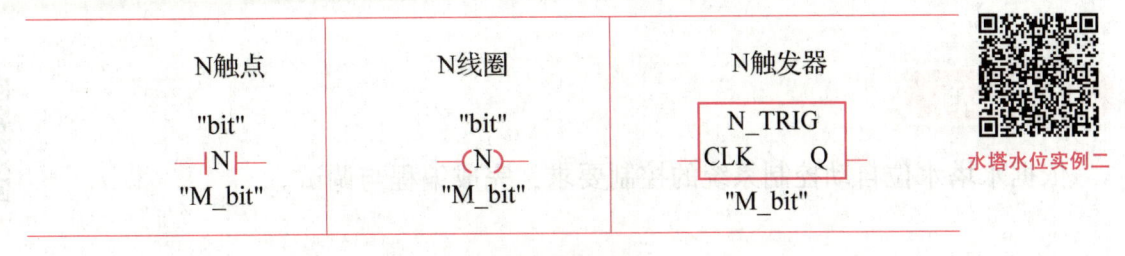

N触点	N线圈	N触发器
"bit" —|N|— "M_bit"	"bit" —(N)— "M_bit"	N_TRIG CLK Q "M_bit"

图 6-3　下降沿触发指令

N 触点中 bit 处为 Bool 型变量，用于检测该变量的跳变沿；M_bit 处为 Bool 型变量，用于保存前一个输入状态的存储器位。当 N 触点检测到 bit 处的位数据值由 1 变 0 的负跳变时，它接通一个扫描周期。

N 线圈中 bit 处为 Bool 型变量，用于指示检测到跳变沿的输出位；M_bit 处为 Bool 型变量，用于保存前一个输入状态的存储器位。当 N 线圈检测到它前面的逻辑状态由 1 变 0 的负跳变时，将 bit 处的位数据值在一个扫描周期内设置为 1。

N 触发器中 M_bit 处为 Bool 型变量，用于保存前一个输入状态的存储器位。当 N 触发器检测到 CLK 输入的逻辑状态由 1 变 0 的负跳变时，在一个扫描周期内 Q 输出为 1。

大国工匠

溪洛渡水电站以 1 386 万 kW 装机容量雄踞中国第二、世界第三，作为金沙江开发的启动工程，终于在 2014 年完成华丽蜕变，累计发电量已突破 1 500 亿 kW·h。

纵观溪洛渡工程从前期到投产各阶段建设，不能不提到第四任总设计师、中国电建集团成都勘测设计院有限公司（简称成都院）总工程师王仁坤。这位毕业于清华大学的博士，在不忘初心的人生征途中，收获满满，享受国务院特殊津贴，入选新世纪百千万人才工程，是当时最年轻的入选者之一，是获此殊荣的第三人。

溪洛渡工程综合技术难度高，具有高拱坝、高地震、巨泄量、超大地下洞室群的特点。为了设计安全可靠、技术可行、经济合理、环境优美的建设方案，几代成都院人付出了艰苦卓绝的努力。

王仁坤无疑是其中最优秀的代表之一。他毕业后就一直从事水电工程设计工作，先后主持或参与国内外 20 多座大、中型水电工程设计，从一名普通的工程师，逐渐成长为成都院技术最高决策者之一。王仁坤主持设计的溪洛渡、锦屏一级、大岗山等特高拱坝巨型水电站成功投产，代表当今世界水电技术最高水平，被誉为我国特高拱坝设计领域的技术带头人和领军人物。

在溪洛渡工程上，王仁坤干了 30 个年头。他曾说："任何工程问题的解决，都不止一个方案，哪个方案更适合特定工程，是杰出设计者应该考虑的事情。"后来，金沙江大桥按照王仁坤的建议建设成目前的样子，车辆在桥上桥下毫无障碍地穿梭，仿佛在诉说一段佳话。

项目实施

依据水塔水位自动控制系统的控制要求，完成编程与调试。

水塔水位自动控制

一、设备清单

设备清单如表 6-1 所示。

表 6-1 设备清单

序号	名称	规格	数量
1	计算机	配备至少 50GB 的存储空间	1
2	操作系统	Windows 7 操作系统（64 位）	1
3	S7-1200 CPU	CPU1215C	1
4	网线	—	1
5	编程软件	TIA 博途软件	1
6	水塔水位自动控制 PLC 控制模拟板	与 PLC 和电源匹配	1

二、I/O 分配表

I/O 分配表如表 6-2 所示。

表 6-2 I/O 分配表

类别	元件名称	数据类型	地址	功能
输入端	启动 SB1	Bool	I0.0	启动按钮
	停止 SB2	Bool	I0.1	停止按钮
	S1	Bool	I0.2	检测水塔上水位界
	S2	Bool	I0.3	检测水塔下水位界
	S3	Bool	I0.4	检测储水池上水位界
	S4	Bool	I0.5	检测储水池下水位界
输出端	M	Bool	Q0.0	控制水泵运行
	Y	Bool	Q0.1	控制进水电磁阀运行
存储器位	上升沿存储地址	Bool	M10.0	—
	下降沿存储地址	Bool	M10.1	—
	储水池下水位界	Bool	M10.2	—
	储水池下水位下降沿存储地址	Bool	M10.3	—
	"FirstScan"	Bool	M1.0	首次循环

三、PLC 硬件接线

根据任务分析，进行 PLC 硬件接线，如图 6-4 所示。

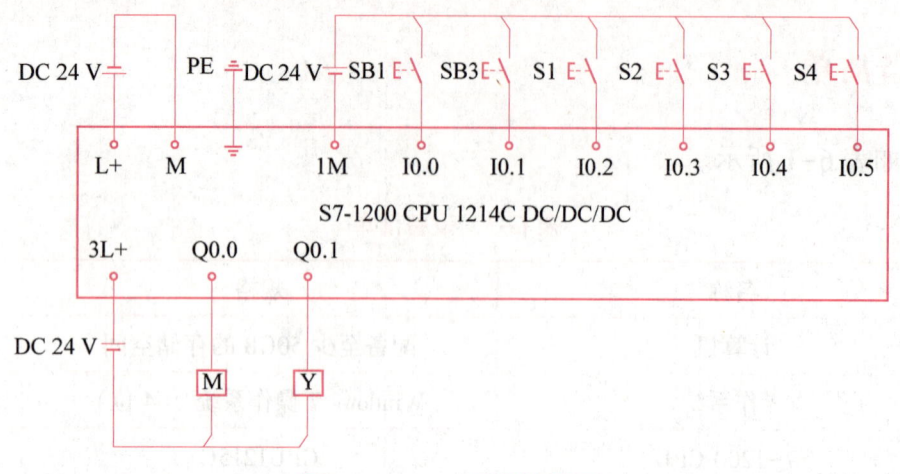

图 6-4　PLC 硬件接线图

四、编写梯形图程序

水塔水位自动控制梯形图程序如图 6-5 所示。

▼程序段1：初始状态，水泵M、进水电磁阀Y失电
注释

```
    %M1.0                                              %Q0.0
  "FirstScan"                                          "水泵M"
     ─┤ ├──────────────────────────────────────────( RESET_BF )─
                                                        2
```

▼程序段2：储水池未达到上水位界时，进水电磁阀Y接通，进水
注释

```
    %I0.0        %I0.0          %I0.4                  %Q0.1
 "启动按钮SB1"  "启动按钮SB1"   "水塔上水位S3"          "进水电磁阀Y"
   ─┤ ├─────────┤P├─────────────┤/├──────────────────( S )─
                %M10.0
              "上升沿存储地址"
     %Q0.0       %M10.2
    "水泵M"    "储水池下水位界"
   ─┤ ├─────────┤ ├─
```

▼程序段3：储水池水位达到下水位界时
注释

```
    %I0.5        %I0.5                                 %M10.2
 "储水池下水位S4" "储水池下水位S4"                    "储水池下水位界"
   ─┤/├─────────┤N├───────────────────────────────────( S )─
                 %M0.1
              "下降沿存储地址"
```

图 6-5　水塔水位自动控制梯形图程序

▼程序段4：储水池满后，水泵M得电，向水塔供水或水塔水位低于下水位界时，水泵得电
注释

```
    %Q0.1          %I0.5          %I0.2                          %Q0.0
 "进水电磁阀Y"  "储水池下水位S3"  "水塔上水位S1"                    "水泵M"
 ─────┤├─────────┤├──────────────┤/├─────────────────────────────( S )────

    %I0.3          %I0.3                                          %Q0.1
 "水塔下水位S2"  "水塔下水位S2"                                "进水电磁阀Y"
 ─────┤/├─────────┤N├────────────────────────────────────────────( R )────
                    │
                 %M10.3
              "储水池下水位
              下降沿存储地址"
```

▼程序段5：水塔水位达到上水位界时，进水停止供水
注释

```
    %Q0.0          %I0.2                                          %Q0.0
   "水泵M"       "水塔上水位S1"                                   "水泵M"
 ─────┤├──────────┤├──────────────────────────────────────────────( R )────
```

▼程序段6：储水池达到上水位界时，进水电磁阀失电
注释

```
    %Q0.1          %I0.4                                          %Q0.1
 "进水电磁阀Y"  "储水池上水位S3"                               "进水电磁阀Y"
 ─────┤├──────────┤├──────────────────────────────────────────────( R )────
```

▼程序段7：按下停止按钮，系统停止
注释

```
    %I0.1                                                         %Q0.0
 "停止按钮SB2"                                                   "水泵M"
 ─────┤├──────────────────────────────────────────────────────( RESET_BF )──
                                                                     2
```

图 6-5 水塔水位自动控制梯形图程序(续)

五、实训步骤

（1）将 PLC 主机上的电源开关断开，按照图 6-4 所示 PLC 硬件接线图进行 PLC 输入、输出端的电路连接，注意 24V 电源的正、负极不要短接，以防止电路短路，损坏 PLC 触点。

（2）接通 PLC 主机上的电源开关，将 PLC 串口置于 STOP 状态，将 STEP 软件中的控制程序下载到 PLC 中，下载完毕后，将 PLC 串口置于 RUN 状态。

（3）接通水塔水位自动控制模块电源，具体操作步骤如下。

①按下启动按钮SB1，进水电磁阀Y得电。

②储水池的上水位检测传感器(S3)得电，进水电磁阀Y关闭，水位停止上升，水泵M得电，开始动作。

③水塔的上水位检测传感器(S1)得电时，水泵M停止抽水。

④调节水塔的出水电磁阀，当水塔的下水位检测传感器(S2)失电时，水泵M会再次得电。为了保证水塔的水量，储水池也会在其下水位传感器(S4)没有信号时自动打开进水电磁阀Y。

⑤按下停止按钮SB2，M、Y失电，如果出水电磁阀仍然打开，就继续向用户供水，直到水塔无水。

项目评价

任务完成情况如表6-3所示。

表6-3 任务完成情况

项目	主要内容	考核要求	评分标准	配分	扣分	得分	小计
任务完成情况	I/O分配	1. 列出PLC I/O分配表 2. 画出程序设计流程图	1. 电路设计不全，每处扣2分 2. 输入/输出地址遗漏，每处扣2分 3. 设计流程图错误，每处扣2分	10			
	程序设计及输入	1. 根据程序设计流程图，编写梯形图程序 2. 熟练操作PLC键盘，正确将所编程序传送到PLC	1. 不能熟练操作计算机键盘输入指令，扣2分 2. 梯形图表达不正确或画法不规范，每处扣5分 3. 不能熟练地将程序下载到PLC中，扣5分	30			
	布线工艺	按工艺要求用导线将输入、输出元器件连接起来（采用线槽、软线连接）	1. 布线不符合要求，每根扣2分 2. 接点不符合要求，每点扣2分 3. 损伤导线绝缘，每根扣5分 4. 漏套或错套编码套管，每个扣1分	20			
	运行调试	按被控设备的动作要求进行调试，达到控制要求	1. 一次试车不成功，扣5分 2. 不能进行程序调试，扣1~5分 3. 不能达到控制要求，扣1~10分	20			

续表

项目	主要内容	考核要求	评分标准	配分	扣分	得分	小计
综合能力	职业素养	学习主动性	1. 学习主动性差，学习准备不充分，扣2分	10			
		团队沟通合作	2. 团队合作意识差，缺乏协作精神，扣2分				
		语言表达	3. 语言表达不规范，扣2分				
		工作效率	4. 时间观念不强，工作效率低，扣2分				
		工作质量	5. 不注重工作质量与工作成本，扣2分				
	安全文明生产	安全生产规程操作	1. 安全意识差，不按安全生产规程操作，扣10分	10			
		劳动保护用品	2. 劳动保护用品穿戴不整齐，扣10分				
		清理工作现场	3. 施工后不清理现场，扣5分				
定额时间			15min，每超时5min扣5分				
备注			除定额时间外，各项目的最高扣分不应超过配分数	合计	100		
开始时间			结束时间		实际用时		

知识扩展

一、液位传感器

液位传感器是一种测量液体位置的压力传感器，它基于所测液体静压与该液体的高度成比例的原理，采用国外先进的隔离型扩散硅敏感元件或陶瓷电容压力敏感传感器，将静压转换为电信号，再经过温度补偿和线性修正，转化成标准电信号，通过测量电信号得到液体位置。液位传感器主要分为两类：一类为接触式，包括单法兰静压/双法兰差压液位变送器、浮球式液位变送器、投入式液位变送器等，如图6-6所示；另一类为非接触式，分为超声波液位变送器、雷达液位变送器等，如图6-7所示。

89

（a） （b） （c）

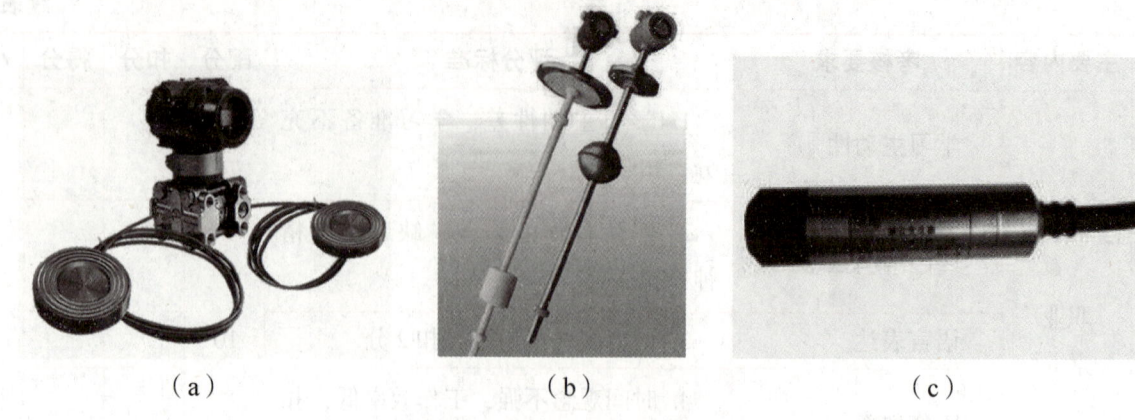

图 6-6 接触式液位传感器

(a)双法兰差压液位变送器；(b)浮球式液位变送器；(c)投入式液位变送器

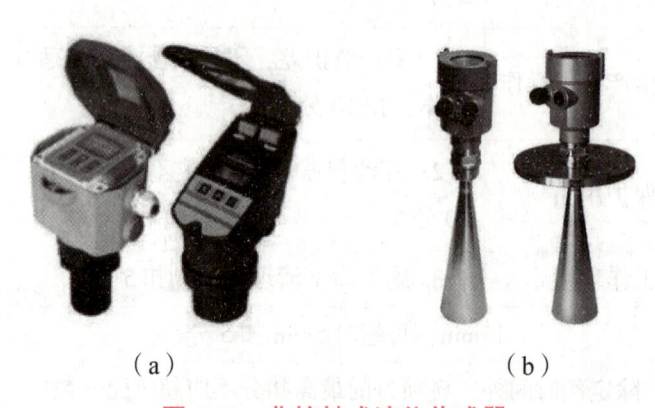

（a） （b）

图 6-7 非接触式液位传感器

(a)超声波液位变送器；(b)雷达液位变送器

二、液位开关

液位开关也称为水位开关，顾名思义，就是用于控制液位的开关。液位开关从形式上主要分为接触式和非接触式。常用的非接触式液位开关有电容式液位开关(图 6-8)，接触式液位开关以浮球式液位开关应用最广泛(图 6-9)。

图 6-8 电容式液位开关　　　　图 6-9 浮球式液位开关

1. 电容式液位开关

电容式液位开关是采用侦测液位变化时所引起的微小电容量(通常为 pF)差值变化，并由专用的 ADA 电容检测芯片进行信号处理，从而检测出水位，并输出信号到输出端。

电容式液位开关的最大优势在于可以隔着任何介质检测到容器内的水位或液体的变化，大大扩展了实际应用范围，同时有效避免了传统液位检测方式的稳定性、可靠性差的弊端。

在某些特殊领域，使用内置 MCU 双核处理的 ADA 电容检测芯片的电容式液位开关，就可以实现很多特殊控制功能，甚至实现更多的集成化、智能化水位检测功能，例如对太阳能热水器、咖啡壶等掉电后的水位变化也能可靠检测。电容式液位开关是目前液位开关中最有优势的类型。

2. 浮球式液位开关

浮球式液位开关是利用微动开关做接点输出。当水平面以上扬线角度超过 28°时，浮球液位开关内部的钢珠会滚动压到微动开关或脱离微动开关，使液位开关 ON 或 OFF 的接点信号输出。

另一类浮球式液位开关利用水银开关做接点输出。当液位上升接触浮球时，浮球以重锤为中心随水位上升角度变化。当水平面以上扬线角度超过 10°时，浮球式液位开关便会有 ON 或 OFF 的接点信号输出。

其主要特点如下。

(1) 使用微动开关做接点输出，接点容量为 10A/250VAC，可直接启动电动机设备。

(2) 使用欧规 (HAR) 橡胶电缆，耐候性佳、价格低、使用寿命长。

(3) 构造简单，无须保养，在污水、净水环境中皆可使用。

(4) 电缆线≤20m 时皆可定制。

技能拓展

一、内容与要求

配合 SR 指令，通过一个实例来说明上升沿/下降沿指令的使用。

按一下启动按钮 I0.6，Q1.0 接通，再按一下 I0.6，Q1.0 断开，如此反复。

二、I/O 分配

根据控制要求列出 I/O 分配表，如表 6-4 所示。

表 6-4　I/O 分配表

类别	名称	数据类型	地址	功能
输入端	SB1	Bool	I1.6	启动按钮
输出端	HL1	Bool	Q1.0	指示灯

三、程序编写与调试

梯形图程序如图 6-10 所示。

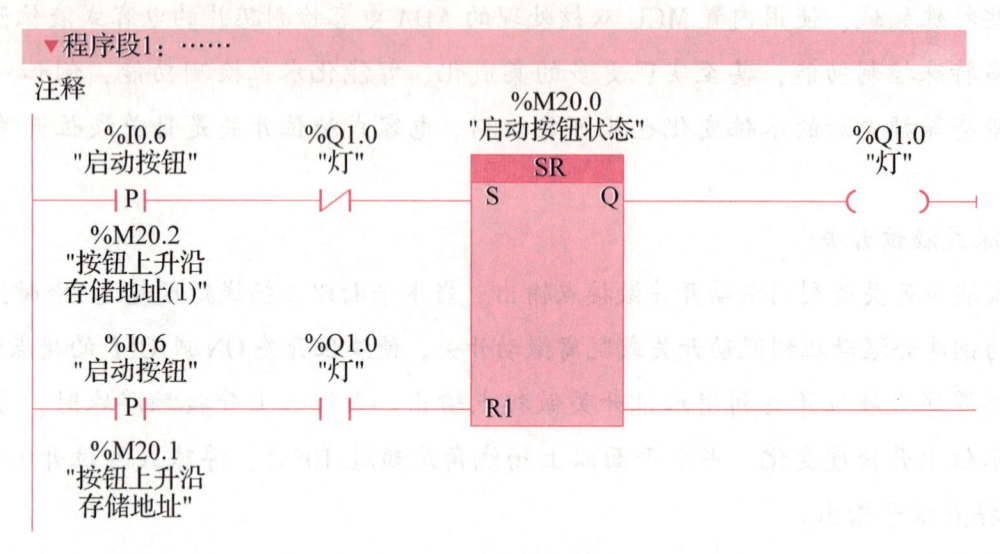

```
程序段1：……
注释
  %I0.6      %Q1.0      %M20.0                        %Q1.0
"启动按钮"    "灯"      "启动按钮状态"                    "灯"
                         SR
  ─┤P├──────┤/├────────S    Q──────────────────────────( )─
  %M20.2
"按钮上升沿
存储地址(1)"
  %I0.6      %Q1.0
"启动按钮"    "灯"
  ─┤P├──────┤ ├────────R1
  %M20.1
"按钮上升沿
存储地址"
```

图 6-10　梯形图程序

1. 编写程序

（1）在项目树中打开 PLC 下面的"程序块"文件夹，双击"MAIN"打开程序编辑器，在项目视图右侧的指令中，打开"位逻辑运算"文件夹，选择 SR 指令，双击或拖放到编程区域，输入地址 M20.0，用于存储置位或复位的结果，编辑器自动为 M20.0 生成变量名称 TAG_1，可以在 PLC 变量表中修改。

（2）在 Q 输出端插入一个输出线圈，输入地址 Q1.0。

（3）在 S 输入端插入一个 P 触点，输入地址 I0.6 和 M20.2，用来捕捉 I0.6 被按下时的正跳变，再串联一个 Q1.0 的常闭触点，用于实现 Q1.0 为 0 时按一下 I0.6，Q1.0 置位为 1。

（4）在 R1 输入端插入一个 P 触点，输入地址 I0.6 和 M20.1，再串联一个 Q1.0 的常开触点，以实现 Q1.0 为 1 时按下 I0.6，Q1.0 复位为 0。这样控制程序就编写完成了，单击"保存"按钮保存项目。

2. 编译并下载程序到 PLC 中

选中项目树中的"PLC_1"，单击"编译"按钮编译项目，单击"下载"按钮将所有块下载到 PLC 中。

3. 查看程序运行情况

单击"监控"按钮，观察程序的执行情况，按一下 I0.6，Q1.0 接通，再按一下 I0.6，Q1.0 断开，如此反复。

项目六　水塔水位自动控制

项目总结

　　本项目从实际生活案例出发，利用上升沿触发指令和下降沿触发指令提供瞬时信号，从而控制水泵和进水电磁阀的通断，实现水塔水位的自动控制。对于复杂的控制要求，在编程时，需要从中提取有效信息。如何从控制要求中找出隐藏的控制条件，是编程的难点，同学们可以通过画流程图的形式将文字转化成图例，以更直观地表现各个环节间的联系。

项目七　密码锁自动控制

项目目标

知识目标：
（1）掌握计数指令的基本功能及应用；
（2）掌握密码锁自动控制程序的动作过程。

能力目标：
（1）具备熟练应用计数指令编写控制程序的能力；
（2）具备编写密码锁自动控制程序的能力。

素质目标：
（1）能主动学习，在完成任务的过程中发现问题、分析问题和解决问题；
（2）能与小组成员协商、交流配合完成本项目；
（3）严格遵守安全规范。

项目背景

在企业自动生产线上，往往需要在自动加工的过程中进行数量的计算，或是累加或是递减。密码锁就是通过计算按键按压次数的正确操作来实现防盗的。本项目在编程的过程中不仅要实现计数功能，还要清楚各按键的功能与操作顺序。

项目引入

密码锁自动控制系统的控制要求

有一个密码锁，共有 8 个按键 SB1~SB8，其控制要求如下。

（1）SB7 为启动键，只有按下 SB7 才可进行开锁作业。

（2）SB1、SB2、SB5 为可按压键。开锁条件为：SB1 设定按压次数为 3 次，SB2 设定按压次数为 2 次，SB5 设定按压次数为 4 次。如果按上述规定按压按键，则 5 s 后密码锁自动打开。

（3）SB3、SB4 为不可按压键，一按压，警报器就发出警报，不能进行开锁操作。

（4）SB6 为复位键，按下 SB6 后，可重新进行开锁操作。如果按错按键，则必须进行复位操作，所有计数器都被复位。

（5）SB8 为停止键，按下 SB8，停止开锁操作。

（6）除了启动键外，不考虑按键顺序。

项目分析

根据控制要求可知：

（1）SB3、SB4 为不可按压键，无论在开锁过程中还是已经打开锁，只要按压它们，就会报警，这时只有按下复位键 SB6，解除报警，才能重新开始开锁操作；

（2）SB8 为停止键，按压后，需要重新开始开锁操作；

（3）SB1、SB2、SB5 没有按压顺序，只要按压次数被满足就可以。

知识储备

一、计数器指令

S7-1200 PLC 的计数器为 IEC 计数器，用户程序中可以使用的计数器数量仅受 CPU 的存储器容量的限制。

这里所说的是软件计数器，最大计数器速率受所在 OB 的执行速率限制。指令所在 OB 的执行频率必须足够高，以检测输入脉冲的所有变化。如果需要更快的技术操作，请参考高速计数器 HSC。

注意：S7-1200 PLC 的 IEC 计数器没有计数器号，即没有 C0、C1 这种带计数器号的计数器。

S7-1200 PLC 的 IEC 计数器包含 3 种，指令位置如图 7-1 所示。

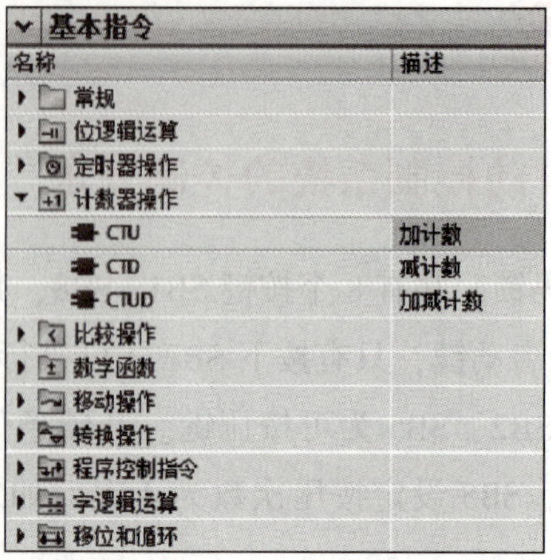

对于每种计数器，计数值可以是任何整数数据类型，并且需要使用每种整数对应的数据类型的 DB 结构（表 7-1）或背景数据块来存储计数器数据。计数器引脚汇总如表 7-2 所示。

图 7-1　IEC 计数器指令位置

表 7-1　计数器类型及范围

整数类型	计数器类型	计数器类型（TIA 博途 V14 开始）			计数范围
SInt	IEC_SCCUNTER	CTU_SINT	CTD_SINT	CTUD_SINT	-128~127
Int	IEC_COUNTER	CTU_INT	CTD_INT	CTUD_INT	-32 768~32 767
DInt	IEC_DCOUNTER	CTU_DINT	CTD_DINT	CTUD_DINT	-2 147 483 648~2 147 483 647
USInt	IEC_USCOUNTER	CTU_USINT	CTD_USINT	CTUD_USINT	0~255
UInt	IEC_UCOUNTER	CTU_UINT	CTD_UINT	CTUD_UINT	0~65 535
UDInt	IEC_UDCOUNTER	CTU_UDINT	CTD_UDINT	CTUD_UDINT	0~4 294 967 295

表 7-2　计数器引脚汇总

输入的变量			
名称	说明	数据类型	备注
CU	加计数输入脉冲	Bool	仅出现在 CTU、CTUD
CD	减计数输入脉冲	Bool	仅出现在 CTD、CTUD
R	CV 清 0	BOOL	仅出现在 CTU、CTUD
LD	CV 设置为 PV	Bool	仅出现在 CTD、CTUD
PV	预设值	整数	仅出现在 CTU、CTUD
输出的变量			
名称	说明	数据类型	备注
Q	输出位	Bool	仅出现在 CTU、CTD
QD	输出位	Bool	仅出现在 CTUD
QU	输出位	Bool	仅出现在 CTUD
CV	计数值	整数	—

计数值的数值范围取决于所选的数据类型。如果计数值是无符号整数，则可以减计数到 0 或加计数到范围限值。如果计数值是有符号整数，则可以减计数到负整数限值或加计数到正整数限值。

用户程序中可以使用的计数器数量仅受 CPU 存储器容量的限制。计数器指令占用以下存储器空间。

（1）对于 SInt 或 USInt 数据类型，计数器指令占用 3 个字节。

（2）对于 Int 或 UInt 数据类型，计数器指令占用 6 个字节。

（3）对于 DInt 或 UDInt 数据类型，计数器指令占用 12 个字节。

在 FB 中放置计数器指令后，可以选择多重背景数据块选项，各计数器结构名称可以对应不同的数据结构，但计数器数据包含在同一个数据块中，从而无须每个计数器都使用一个单独的数据块，这减少了计数器所需的处理时间和数据存储空间。在共享的多重背景数据块中的计数器数据结构之间不存在交互作用。

二、加计数器指令

加计数器指令符号及功能如表 7-3 所示。

表 7-3　加计数器指令符号及功能

基本指令	指令符号	数据值类型	指令功能
范围内值	%DB2 "IEC_Counter_0_DB" CTU Int ― CU　Q ― FALSE ― R　CV ― 0 <???> ― PV	SInt，Int，DInt，USInt，UInt，UDInt，Real，LReal，常数	当复位端信号为 1 时，计数器的当前值 CV = 0，计数器的状态也为 0；当复位端信号为 0 时，计数器可以工作。 从当前计数值 CV 开始，每当一个增计数输入脉冲（CU）到来时，计数器的当前值（CV）做加 1 操作，即 CV=CV+1。当前值（CV）小于预设值 PV 时，计数器的状态为 0。当前值（CV）大于等于预设值 PV 时，计数器的状态变为 1。当它达到最大值（32 767）后，计数器停止计数。 在复位端（R）接通或者执行复位指令后，计数器被复位

加计数器指令应用如图 7-2 所示。

▼ 程序段1：……

注释

```
                    %DB1
                    "C2"
   %I0.0          ┌─────────┐                              %Q0.0
   "Tag_1"        │   CTU   │                              "Tag_3"
   ──┤├──────────┤ CU   Int │──────────────────────────────( )──
                  │      Q  │
                  │      CV ├── 0
   %I0.1          │         │
   "Tag_2"        │         │
   ──┤├──────────┤ R       │
              4 ─┤ PV      │
                  └─────────┘
```

CTU加计数器的工作时序图示例

I0.0

I0.1

C2当前值 0 1 2 3 4 5 ⋯ 32 767 ⋯ 0

C2状态位

Q0.0

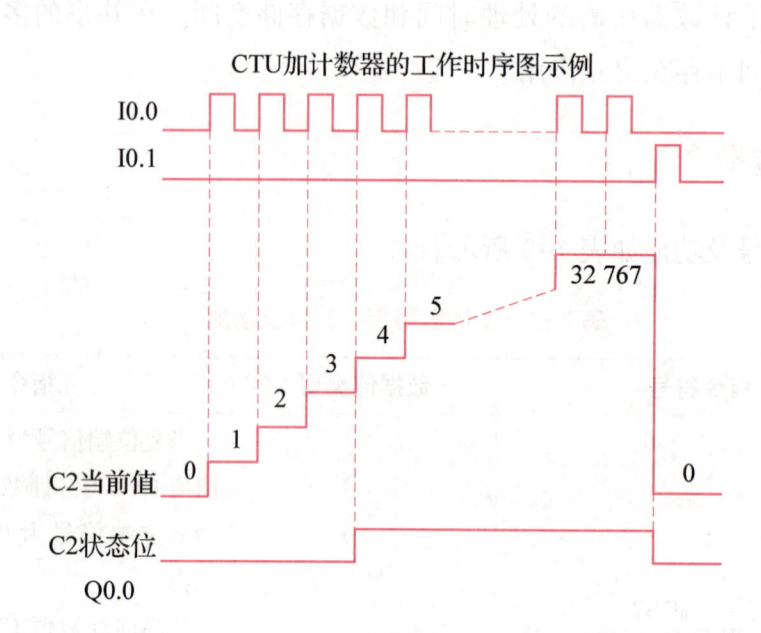

图 7-2　加计数器指令应用

三、减计数器指令

减计数器指令符号及功能如表 7-4 所示。

密码锁自动控制
实例一

表 7-4　减计数器指令符号及功能

基本指令	指令符号	数据值类型	指令功能
范围内值	%DB2 "IEC_Counter_0_DB" CTD Int — CD　　Q — FALSE — LD　　CV — 0 0 — PV	SInt, Int, DInt, USInt, UInt, UDInt, Real, LReal, 常数	当装载输入端 LD 为 1 时，计数器的设定值 PV 被装入计数器的当前值寄存器，此时当前值 CV = PV，计数器的状态为 0。 当装载输入端 LD 为 0 时，计数器可以工作。 每当一个输入脉冲 CD 到来时，计数器的当前值 CV 做减 1 操作，即 CV = CV - 1。 只有在当前值小于等于 0 时，计数器的状态才变为 1，并停止计数。 这种状态一直保持到装载输入端 LD 变为 1，只有再一次装入 PV 值后，当计数器的状态变为 0 时，才能重新计数

减计数器指令应用如图 7-3 所示。

▼ 程序段1：……

注释

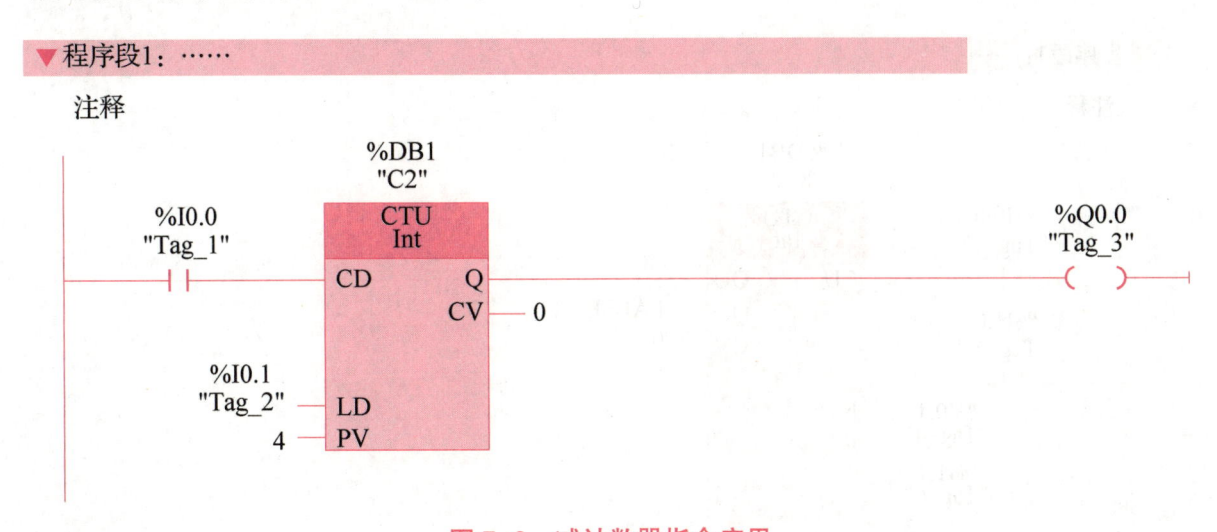

```
            %DB1
            "C2"
%I0.0       CTU
"Tag_1"     Int                    %Q0.0
 ┤ ├—— CD        Q ——————————————("Tag_3")
                 CV — 0
%I0.1
"Tag_2" —— LD
       4 —— PV
```

图 7-3　减计数器指令应用

四、增减计数器指令

增减计数器指令符号及功能如表 7-5 所示。

密码锁自动控制
实例二

表 7-5 增减计数器指令符号及功能

基本指令	指令符号	数据值类型	指令功能
范围内值	%DB3 "C5" CTUD Int — CU QU FALSE — CD QD — FALSE FALSE — R CV — 0 FALSE — LD <???> — PV	SInt, Int, DInt, USInt, UInt, UDInt, Real, LReal, 常数	在复位端 R 信号为 1 时, 计数器的当前值 CV=0, 计数器的状态也为 0。当复位端的信号为 0 时, 计数器可以工作。 每当一个增计数器输入脉冲 CU 到来时, 计数器的当前值做加 1 操作, 即 CV=CV+1。当前值大于等于设定值 (CV>=PV) 时, 计数器的输出参数 QU 为 1。这时再来计数脉冲, 计数器的当前值仍不断增加, 直到 SV=32 768 时才停止计数。 每当一个减计数器输入脉冲 CD 到来时, 计数器的当前值做减 1 操作, 即 CV=CV-1。只要当前值小于等于 0 (CV<=0), 计数器的输出参数 QD 就为 1。这时再计数脉冲, 计数器的当前值仍不断递减, 直到 SV=-32 768 时才停止计数

增减计数器指令应用如图 7-4 所示。

▼ 程序段1：……

注释

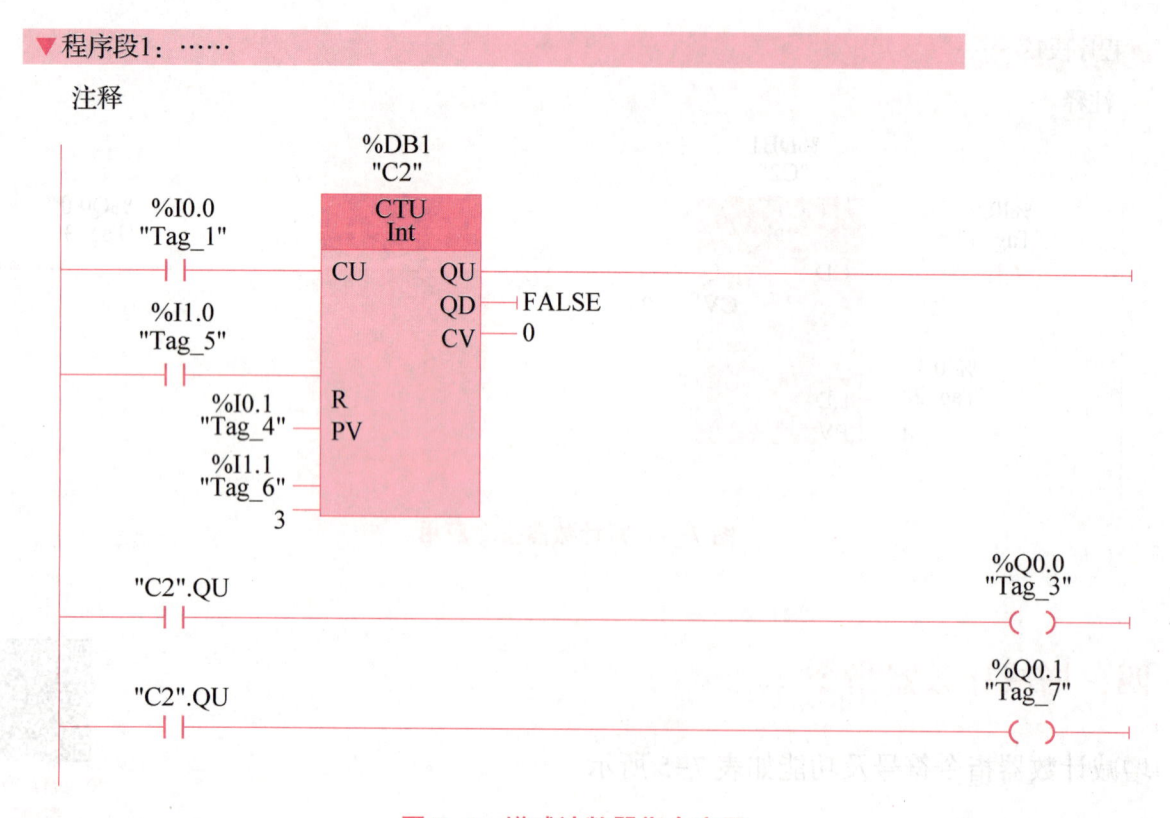

图 7-4 增减计数器指令应用

如果从运行模式阶段切换到停止模式或 CPU 循环上电并启动了新运行模式阶段,则存储在之前运行模式阶段中的计数器数据将丢失,除非将定时器数据结构指定为具有保持性的(CTU、CTD、CTUD 计数器)。

人生启迪

习近平总书记在党的二十大报告中强调:"推进国家安全体系和能力现代化,坚决维护国家安全和社会稳定。"近年来,数字化在带来种种便利的同时,也加大了信息泄露风险。从网络偷窥、非法获取个人信息、网络诈骗等违法犯罪活动,到网络攻击、网络窃密等危及国家安全的行为,伴随万物互联而生的风险互联,给社会生产生活带来了不少安全隐患。如何有效保证网络与信息安全,是数字时代的重要课题。

项目实施

依据密码锁自动控制系统的控制要求,完成编程与调试。

密码锁自动控制

一、设备清单

设备清单如表 7-6 所示。

表 7-6 设备清单

序号	名称	规格	数量
1	计算机	配备至少 50 GB 的存储空间	1
2	操作系统	Windows 7 操作系统(64 位)	1
3	S7-1200 CPU	CPU1215C	1
4	网线	—	1
5	编程软件	TIA 博途软件	1

二、I/O 分配表

I/O 分配表如表 7-7 所示。

表 7-7 I/O 分配表

类别	元件名称	数据类型	地址	功能
输入端	SB1	Bool	I0.1	可按压键
	SB2	Bool	I0.2	可按压键
	SB3	Bool	I0.3	不可按压键

续表

类别	元件名称	数据类型	地址	功能
输入端	SB4	Bool	I0.4	不可按压键
	SB5	Bool	I0.5	可按压键
	SB6	Bool	I0.6	复位键
	SB7	Bool	I0.7	启动键
	SB8	Bool	I1.0	停止键
输出端	KM	Bool	Q0.0	接通密码锁
	HA	Bool	Q0.1	报警器
存储器位	启动状态位	Bool	M10.0	—
	复位及启动存储位	Bool	M20.0	—
	"FirstScan"	Bool	M1.0	首次循环

三、数据变量定义表

数据变量定义表如表7-8所示。

表7-8 数据变量定义表

类别	名称	数据类型	偏移量	设定值
系统块 程序资源	定时器 T1	Time	—	5s
	计数器 C1	Int	—	3
	计数器 C2	Int	—	2
	计数器 C3	Int	—	4

四、PLC 硬件接线

根据任务分析，进行 PLC 硬件接线，如图 7-5 所示。

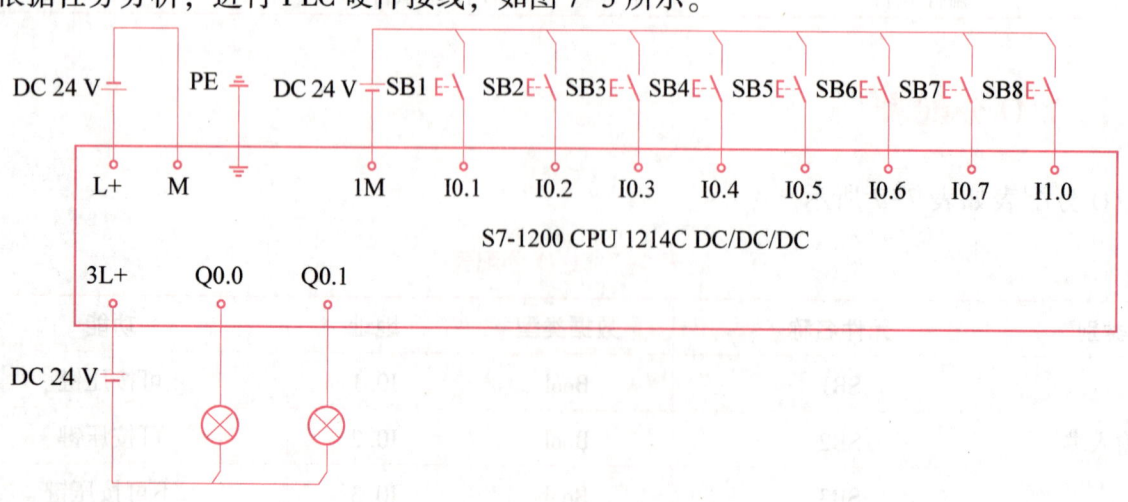

图 7-5 PLC 硬件接线图

五、编写梯形图程序

密码锁自动控制梯形图程序如图 7-6 所示。

▼程序段1：将中间继电器置零
注释

```
   %M1.0                                          %M10.0
 "FirstScan"                                    "启动状态位"
─────┤ ├─────────────────────────────────────( RESET_BF )
                                                    20
```

▼程序段2：启动
注释

```
   %I0.7                                          %M10.0
  "启动键"                                       "启动状态位"
─────┤ ├─────────────────────────────────────────( S )
```

▼程序段3：可按压键，按压
注释

```
                                        %DB2
                                         "C1"
  %M10.0      %I0.1                      CTU
"启动状态位"  "SB1按压键"                  Int
─────┤ ├───────┤ ├──────────────────── CU     Q ──────────
                         %M20.0
                        "复位及启动
                         存储位"
                       ───────────────── R    CV ── 0
                                      3 ─ PV

                                        %DB1
                                         "C2"
              %I0.2                      CTU
            "SB2按压键"                   Int
         ──────┤ ├─────────────────── CU     Q ──────────
                         %M20.0
                        "复位及启动
                         存储位"
                       ───────────────── R    CV ── 0
                                      2 ─ PV

                                        %DB3
                                         "C3"
              %I0.5                      CTU
            "SB5按压键"                   Int
         ──────┤ ├─────────────────── CU     Q ──────────
                         %M20.0
                        "复位及启动
                         存储位"
                       ───────────────── R    CV ── 0
                                      4 ─ PV
```

图 7-6　密码锁自动控制梯形图程序

103

▼ 程序段4：按压正确后，延时5s后打开密码锁
注释

```
"C1".CV    "C2".CV    "C3".CV    %D0.1           %DB4                      %Q0.0
   ==         ==         ==      "报警器"          "T1"                    "接通密码锁"
   Int        Int        Int       ─│/│─          TOF Time                   ─( )─
    3          2          4                    IN          Q
                                        T#5s─ PT         ET ─T#0ms
```

▼ 程序段5：不可按压键，按压报警
注释

```
%I0.3
"SB3按压键                                                     %Q0.1
 不可按压"                                                     "报警器"
   ─│ │──┬──────────────────────────────────────────────────── ─( S )─
         │
%I0.4    │
"SB4按压键│
 不可按压"│
   ─│ │──┘
```

▼ 程序段6：复位按钮，复位按压次数及报警指示灯
注释

```
%I0.7                                                         %M20.0
"启动键"                                                  "复位及启动存储位"
   ─│ │──┬──────────────────────────────────────────────────── ─( )─
         │
%I0.6    │
"SB6                                                          %Q0.1
按压键复位"                                                    "报警器"
   ─│ │──┘                                                    ─( R )─
```

▼ 程序段7：停止键
注释

```
%I0.0                                                         %M10.0
"停止键"                                                    "启动状态位"
   ─│ │─────────────────────────────────────────────────────── ─( )─
```

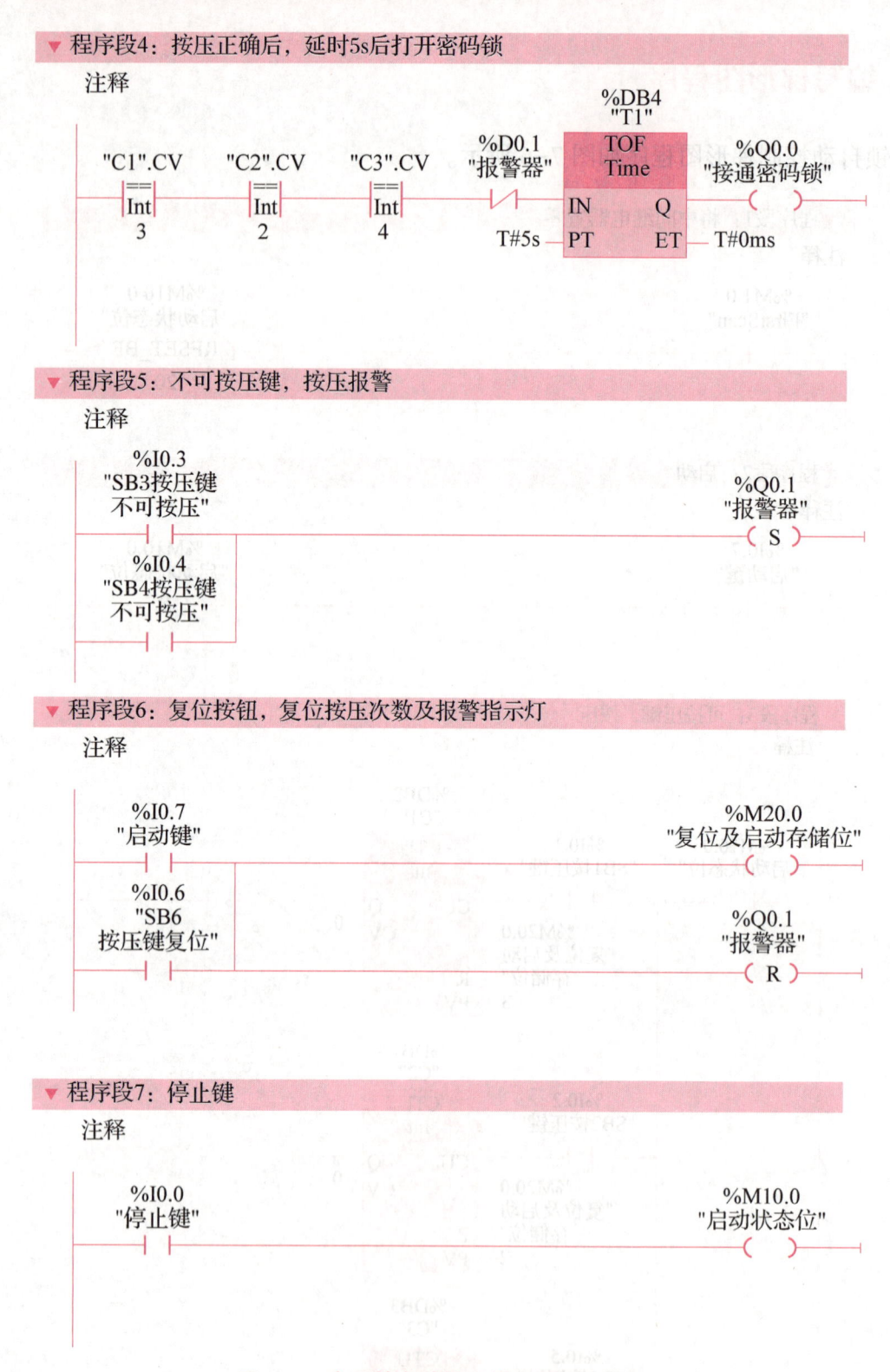

图7-6　密码锁自动控制梯形图程序(续)

六、实训步骤

(1)将PLC主机上的电源开关断开，按照图7-5所示PLC硬件接线图进行PLC输入、输出端的电路连接，注意24V电源的正、负极不要短接，以防止电路短路，损坏PLC触点。

(2)接通 PLC 主机上的电源开关,将 PLC 串口置于 STOP 状态,将 STEP 软件中的控制程序下载到 PLC 中,下载完毕后,将 PLC 串口置于 RUN 状态。

(3)按照控制要求,具体操作步骤如下。

①按下启动键 SB7,准备进行开锁操作。

②按照 SB1、SB2、SB5 的按压次数,分别进行按压,等待 5 s,密码锁打开。

③按下 SB3、SB4,报警指示灯亮起,此时不能进行开锁操作,直到按下复位键 SB6,报警指示灯熄灭。

④按下 SB8,停止开锁操作,如已开锁,则需关闭。

项目评价

任务完成情况如表 7-9 所示。

表 7-9 任务完成情况

项目	主要内容	考核要求	评分标准	配分	扣分	得分	小计
任务完成情况	I/O 分配	1. 列出 PLC I/O 分配表 2. 画出程序设计流程图	1. 电路设计不全,每处扣 2 分 2. 输入/输出地址遗漏,每处扣 2 分 3. 设计流程图错误,每处扣 2 分	10			
	程序设计及输入	1. 根据程序设计流程图,编写梯形图程序 2. 熟练操作 PLC 键盘,正确将所编程序传送到 PLC	1. 不能熟练操作计算机键盘输入指令,扣 2 分 2. 梯形图表达不正确或画法不规范,每处扣 5 分 3. 不能熟练地将程序下载到 PLC 中,扣 5 分	30			
	布线工艺	按工艺要求用导线将输入、输出元器件连接起来(采用线槽、软线连接)	1. 布线不符合要求,每根扣 2 分 2. 接点不符合要求,每点扣 2 分 3. 损伤导线绝缘,每根扣 5 分 4. 漏套或错套编码套管,每个扣 1 分	20			
	运行调试	按被控设备的动作要求进行调试,达到控制要求	1. 一次试车不成功,扣 5 分 2. 不能进行程序调试,扣 1~5 分 3. 不能达到控制要求,扣 1~10 分	20			

续表

项目	主要内容	考核要求	评分标准	配分	扣分	得分	小计
综合能力	职业素养	学习主动性	1. 学习主动性差，学习准备不充分，扣2分	10			
		团队沟通合作	2. 团队合作意识差，缺乏协作精神，扣2分				
		语言表达	3. 语言表达不规范，扣2分				
		工作效率	4. 时间观念不强，工作效率低，扣2分				
		工作质量	5. 不注重工作质量与工作成本，扣2分				
	安全文明生产	安全生产规程操作	1. 安全意识差，不按安全生产规程操作，扣10分	10			
		劳动保护用品	2. 劳动保护用品穿戴不整齐，扣10分				
		清理工作现场	3. 施工后不清理现场，扣5分				
定额时间		15min，每超时5min扣5分					
备注		除定额时间外，各项目的最高扣分不应超过配分数		合计	100		
开始时间			结束时间		实际用时		

知识扩展

一、高速计数器

S7-1200 CPU 提供了最多6个(CPU 1214C)高速计数器，其独立于CPU的扫描周期进行计数。可测量的单相脉冲频率最高为100 kHz，双相或A/B相最高为30 kHz，除用来计数外，高速计数器还可用来进行频率测量。高速计数器可用于连接增量型旋转编码器，用户通过硬件组态和调用相关指令块来使用此功能。

高速计数器定义为5种工作模式。

(1) 单相计数，外部方向控制。

(2) 单相计数，内部方向控制。

(3) 双相增/减计数，双脉冲输入。

(4) A/B 相正交脉冲输入。

(5) 监控PTO输出。

每种高速计数器有两种工作状态。

(1)外部复位，无启动输入。

(2)内部复位，无启动输入。

所有计数器无须启动条件设置，在硬件向导中设置完成后下载到 CPU 中即可启动高速计数器，在 A/B 相正交脉冲输入模式下可选择 1×(1 倍)和 4×(4 倍)模式。高速计数功能所能支持的输入电压为 DC 24 V，目前不支持 DC 5 V 的脉冲输入。高速计数器硬件输入定义与工作模式如表 7-10 所示。

表 7-10　高速计数器硬件输入定义与工作模式

	描述		输入点定义			功能
HSC	HSC1	使用 CPU 集成 I/O 或信号板或监控 PTO0	I0.0 I4.0 PTO 0	I0.1 I4.1 PTO 0 方向	I0.3	—
	HSC2	使用 CPU 集成 I/O 或监控 PTO 0	I0.2 PTO 1	I0.3 PTO 1 方向	I0.1	—
	HSC3	使用 CPU 集成 I/O	I0.4	I0.5	I0.7	
	HSC4	使用 CPU 集成 I/O	I0.6	I0.7	I0.5	
	HSC5	使用 CPU 集成 I/O 或信号板	I1.0 I4.0	I1.1 I4.1	I1.2	
	HSC6	使用 CPU 集成 I/O	I1.3	I1.4	I1.5	
模式	单相计数，内部方向控制		时钟	—	—	计数或频率
					复位	计数
	单相计数，外部方向控制		时钟	方向	—	计数或频率
					复位	计数
	双相增/减计数，双脉冲输入		增时钟	减时钟	—	计数或频率
					复位	计数
	A/B 相正交脉冲输入		A 相	B 相	—	计数或频率
					Z 相	计数
	监控 PTO 输出		时钟	方向	—	计数

并非所有的 CPU 都可以使用 6 个高速计数器，如 CPU 1211C 只有 6 个集成输入点，因此最多只能支持 4 个(在使用信号板的情况下)高速计数器。

由于不同的高速计数器在不同的模式下，同一个物理点会有不同的定义，所以在使用多个高速计数器时，需要注意不是所有高速计数器都可以同时定义为任意工作模式。

二、高速计数器寻址

CPU 将每个高速计数器的测量值存储在输入过程映像区内，数据类型为 32 位双整型有符号数，用户可以在设备组态中修改这些存储地址。在程序中可直接访问这些地址，但由于输入过程映像区受扫描周期影响，在一个扫描周期内，此数值不会发生变化，但高速计数器中的实际值有可能在一个扫描周期内变化，用户可通过读取外设地址的方式读取当前时刻的实际值。以 ID1000 为例，其外设地址为"ID1000：P"。高速计数器寻址列表如表 7-11 所示。

表 7-11　高速计数器寻址列表

高速计数器号	数据类型	默认地址
HSC1	DInt	ID1000
HSC2	DInt	ID1004
HSC3	DInt	ID1008
HSC4	DInt	ID1012
HSC5	DInt	ID1016
HSC6	DInt	ID1020

三、频率测量

S7-1200 CPU 除了提供计数功能外，还提供频率测量功能。有 3 种不同的频率测量周期：1.0 s、0.1 s 和 0.01 s。频率测量周期的定义为"计算并返回新的频率值的时间间隔"。返回的频率值为上一个测量周期中所有测量值的平均。无论如何选择测量周期，测量出的频率值总是以 Hz（每秒脉冲数）为单位。

四、高速计数器指令块

CTRL_HSC 指令可控制用于对发生速率比 CPU 扫描速率更高的事件进行计数的高速计数器。每个 CTRL_HSC 指令都将数据存储在背景数据块中。将 CTRL_HSC 指令插入用户程序可创建此背景数据块，如图 7-7 所示。

五、应用举例

为了便于理解如何使用高速计数功能，下面通过一个例子来学习组态及应用。

假设在旋转机械上单相增量编码器作为反馈，接入 S7-1200 CPU，要求在计数 25 个脉冲时计数器复位，并重新开始计数，周而复始地执行此操作。高速计数器指令块参数如表 7-12 所示。

图 7-7　高速计数器指令块

表 7-12 高速计数器指令块参数

HSC(HW_HSC)	高速计数器硬件识别号
DIR(Bool)	TRUE=使能新方向
CV(Bool)	TRUE=使能新初始值
RV(Bool)	TRUE=使能新参考值
PERIODE(Bool)	TRUE=使能新频率测量周期
NEW_DIR(Int)	方向选择：1=正向，0=反向
NEW_CV(DInt)	新初始值
NEW_RV(DInt)	新参考值
NEW_PERIODE(Int)	新频率测量周期

针对此应用，选择 CPU 1214C，高速计数器为 HSC1，模式为单相计数，内部方向控制，无外部复位。据此，脉冲输入应接入 I0.0，使用 HSC1 的预置值中断(CV=RV)功能实现此应用。

技能拓展

一、内容与要求

SB1、SB2 为可按压键。SB1 设定按压次数为 3 次，SB2 设定按压次数为 2 次，如果按上述规定按压，则 5 s 后，Q0.0 接通。

二、I/O 地址分配表及数据变量定义表

根据控制要求列出 I/O 分配表和变量定义表，如表 7-13 及表 7-14 所示。

表 7-13 I/O 分配表

类别	名称	数据类型	地址	功能
输入端	SB1	Bool	I0.1	可按压键
	SB2	Bool	I0.2	可按压键
输出端	HL1	Bool	Q0.0	指示灯

表 7-14 数据变量定义表

名称	数据类型	偏移量	起始值
预设值	Int	—	3
预设值	Int	—	2
定时器 T1	Time	—	5s

三、程序编写与调试

梯形图程序如图7-8所示。

▼ 程序段8：……
注释

```
      %I0.1              %DB2
    "SB1按压键"           "C1"
        ┤├──────────┬───CTU
                    │    Int
                    ├──CU    Q──────────────────────
      %M20.0        │        CV──0
    "复位及启动      │
      存储位"        ├──R
                    │
                 3──┴──PV
```

```
      %I0.2              %DB1
    "SB2按压键"           "C2"
        ┤├──────────┬───CTU
                    │    Int
                    ├──CU    Q──────────────────────
      %M20.0        │        CV──0
    "复位及启动      │
      存储位"        ├──R
                    │
                 2──┴──PV
```

▼ 程序段9：……
注释

```
                                    %DB4
    "C1".CV     "C2".CV              "T1"                %Q0.0
      ==          ==                  TOF              "接通密码锁"
      Int         Int                 Time
      ┤├──────────┤├─────────────IN       Q──────────────( )
       3           2         T#5S──PT      ET──T#0ms
```

图7-8 梯形图程序

项目总结

　　本项目以实际生活案例为依托，主要以计数器指令为变化条件，通过不同的设定值对应不同的按压次数来实现密码锁的开合。在使用计数器指令的过程中需要注意清零端和装载端的信号使用。本项目的编程方法是多样的，最后实现的控制功能是唯一的，这也是PLC编程的乐趣所在，同学们可以多多尝试，寻找不一样的编程思路。

项目八　交通灯自动控制

项目目标

知识目标：
(1) 掌握比较指令的功能及应用；
(2) 掌握交通灯自动控制程序的动作过程。

能力目标：
(1) 具备熟练应用比较指令编写控制程序的能力；
(2) 具备编写交通灯自动控制程序的能力。

素质目标：
(1) 能主动学习，在完成任务的过程中发现问题、分析问题和解决问题；
(2) 能与小组成员协商、交流配合完成本项目；
(3) 严格遵守安全规范。

项目背景

随着城市的快速发展，机动车拥有量不断增长，带来了诸多问题，如交通拥堵、交通事故频发、环境污染加剧和燃油消耗上升等，其中交通灯在城市交通中起着重要的作用。一个简单的交通灯有东西方向的红、黄、绿三色灯和南北方向的红、黄、绿三色灯。通过交通号自动控制来改善交通状况非常必要。本项目通过 PLC 编程来实现相应控制功能。

111

> **项目引入**

一、控制要求

(1) 按下启动按钮 SB1,东西绿灯先亮 6 s 再以 1 Hz 频率闪烁 2 s,然后绿灯灭,东西黄灯亮 2 s 后灭,东西红灯亮 10 s 后灭,接着又是绿灯亮,如此循环。

(2) 东西方向交通灯亮的同时,南北方向交通灯也亮。与其相对应的顺序是:东西绿灯和黄灯亮的 10 s 内,南北红灯亮 10 s,东西红灯亮的 10 s 内,南北绿灯亮 6 s 再以 1 Hz 频率闪烁 2 s 后灭,黄灯亮 2 s 后灭。

(3) 按下停止按钮 SB2 后,所有交通灯都灭。

交通灯自动控制示意如图 8-1 所示。

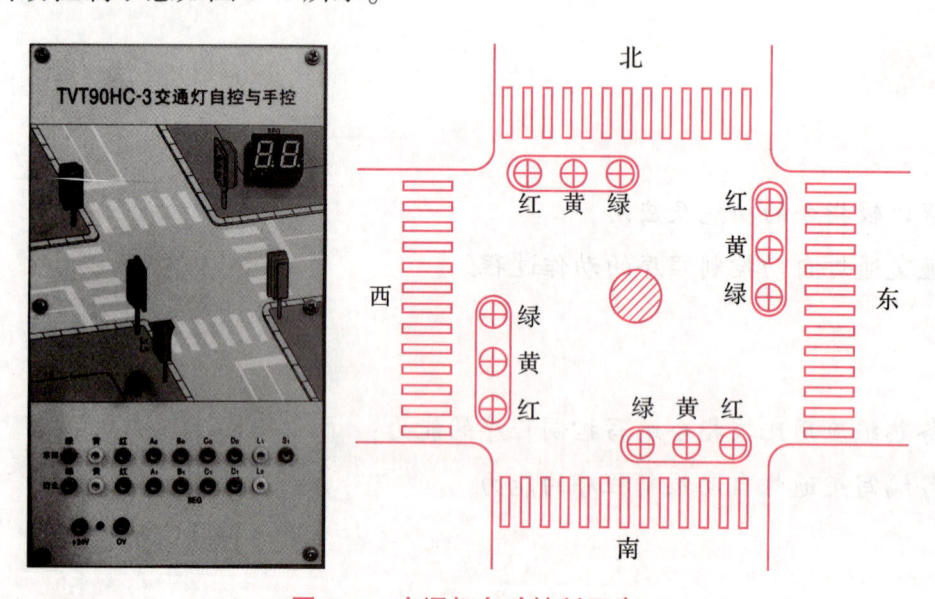

图 8-1 交通灯自动控制示意

二、时序图

交通灯自动控制时序图如图 8-2 所示。

> **项目分析**

根据任务要求,交通灯自动控制系统主要分为两个部分,一是东西方向的绿灯、黄灯、红灯的亮与灭,二是南北方向的绿灯、黄灯、红灯的亮与灭。其中东西方向绿灯的

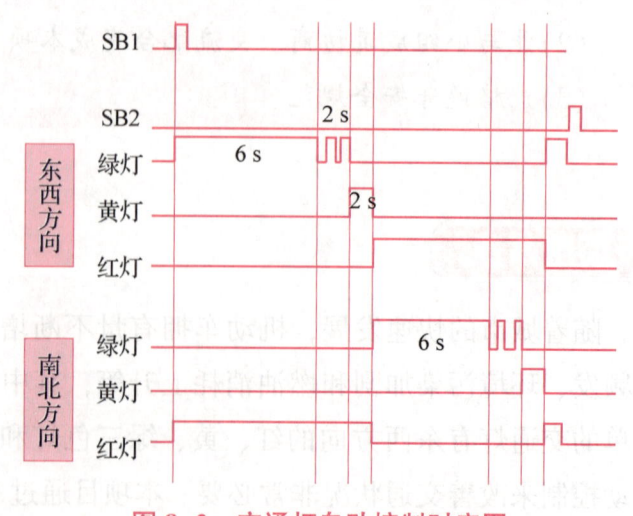

图 8-2 交通灯自动控制时序图

亮和闪烁的时间和黄灯亮的时间，与南北方向红灯亮的时间是相同的。同理，南北方向绿灯的亮和闪烁的时间和黄灯亮的时间，与东西方向红灯亮的时间是相同的。可以利用一个定时器来计时，通过比较定时器的当前值来确定灯亮与灭的状态。

知识储备

一、比较指令介绍

比较指令是将两个操作数按指定的条件进行比较，在梯形图中用带参数和运算符的触点表示比较指令，当比较条件成立时，触点闭合，否则断开。

功能：比较数据类型相同的两个数 IN1 和 IN2(有符号数或无符号数)的大小，然后输出。S7-1200 PLC 的比较指令位置如图 8-3 所示。

图 8-3　S7-1200 PLC 的比较指令位置

二、比较指令的类型及应用

基本比较指令包含两个要素，即比较运算符和数据类型，其中，比较运算符有 6 种：==、>=、<=、>、<和<>。

IN1 和 IN2 为基本比较指令的操作数。数据类型(按长度分)包括字节(有符号、无符号)、字(有符号、无符号)、双字整数(有符号、无符号)、实数、字符和字符串、时间等，如表 8-1 所示。

表 8-1 基本比较指令

指令	关系类型	满足以下条件时比较结果为真	支持的数据类型
─┤ == ├─ 　　???	=（等于）	IN1 等于 IN2	SInt，Int，DInt，USInt，UInt，UDInt，Real，LReal，String，Char，Time，DTL，Constan
─┤ <> ├─ 　　???	<>（不等于）	IN1 不等于 IN2	
─┤ >= ├─ 　　???	>=（大于等于）	IN1 大于等于 IN2	
─┤ <= ├─ 　　???	<=（小于等于）	IN1 小于等于 IN2	
─┤ > ├─ 　　???	>（大于）	IN1 大于 IN2	
─┤ < ├─ 　　???	<（小于）	IN1 小于 IN2	

"???"表示操作数 IN1、IN2 的数据类型及范围，单击"???"并从下拉列表中选择数据类型，如图 8-4 所示。

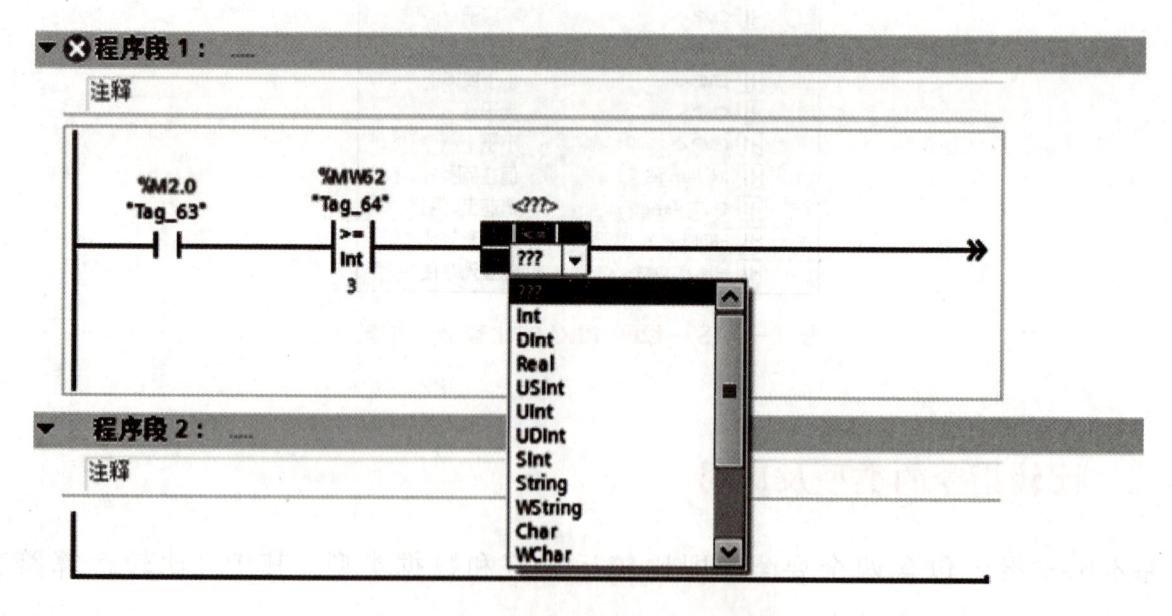

图 8-4 操作数 IN1 和 IN2 的数据类型

单击指令名称（如"＝＝"），可以从下拉列表中更改比较类型，如图 8-5 所示。

项目八　交通灯自动控制

图 8-5　更改比较类型

人生启迪

党的二十大报告提出："教育、科技、人才是全面建设社会主义现代化国家的基础性、战略性支撑。必须坚持科技是第一生产力、人才是第一资源、创新是第一动力，深入实施科教兴国战略、人才强国战略、创新驱动发展战略，开辟发展新领域、新赛道，不断塑造发展新动能、新优势。"在教育、科技、人才的协同作用发挥中，"创新"至关重要。创新意味着发展理念之变、竞争逻辑之变、实力格局之变、突围策略之变、前进动力之变。

交通灯自动控制系统在生活中随处可见，但随着人们生活水平的不断提高，目前的交通灯控制模式已不能满足人民日常生活的需要，尤其在早晚高峰时段，不能有效缓解交通拥堵问题。随着科技水平的日益发展，同学们可以创新控制模式，以路口实际交通状态为依据，动态调整红绿灯变化时间，最大限度地发挥交通灯自动控制系统的作用，有限缓解交通拥堵问题，学以致用，以此解决生活中的实际问题。

项目实施

依据交通灯自动控制系统的控制要求，完成编程与调试。

一、设备清单

设备清单如表 8-2 所示。

表 8-2　设备清单

序号	名称	规格	数量
1	计算机	配备至少 50 GB 的存储空间	1
2	操作系统	Windows 7 操作系统(64 位)	1

续表

序号	名称	规格	数量
3	S7-1200 CPU	CPU1215C	1
4	网线	—	1
5	编程软件	TIA 博途软件	1
6	交通灯自控与手控PLC 控制模拟板	与 PLC 和电源匹配	1

二、I/O 地址分配表

I/O 地址分配表如表 8-3 所示。

表 8-3 I/O 分配表

类别	元件名称	数据类型	地址	功能
输入端	SB1	Bool	I0.0	启动按钮
	SB2	Bool	I0.1	停止按钮
输出端	L1	Bool	Q0.0	东西方向绿灯
	L2	Bool	Q0.1	东西方向黄灯
	L3	Bool	Q0.2	东西方向红灯
	L4	Bool	Q0.3	南北方向红灯
	L5	Bool	Q0.4	南北方向绿灯
	L6	Bool	Q0.5	南北方向黄灯
存储器位	启动按钮状态位	Bool	M10.0	—
	定时器当前值	Bool	MD100	—
	接通延时定时器状态位	Bool	M12.0	—
	0~6s 状态位	Bool	M11.0	—
	6~8s 状态位	Bool	M11.1	—
	8~10s 状态位	Bool	M11.2	—
	10~20s 状态位	Bool	M11.3	—
	0~10s 状态位	Bool	M11.4	—
	10~16s 状态位	Bool	M11.5	—
	16~18s 状态位	Bool	M11.6	—
	18~20s 状态位	Bool	M11.7	—

三、数据变量定义表

数据变量定义表如表 8-4 所示。

表 8-4　数据变量定义表

类别	名称	数据类型	偏移量	设定值/s
系统块 程序资源	定时器 T1	Time	—	20

四、PLC 硬件接线

根据任务分析，进行 PLC 硬件接线，如图 8-6 所示。

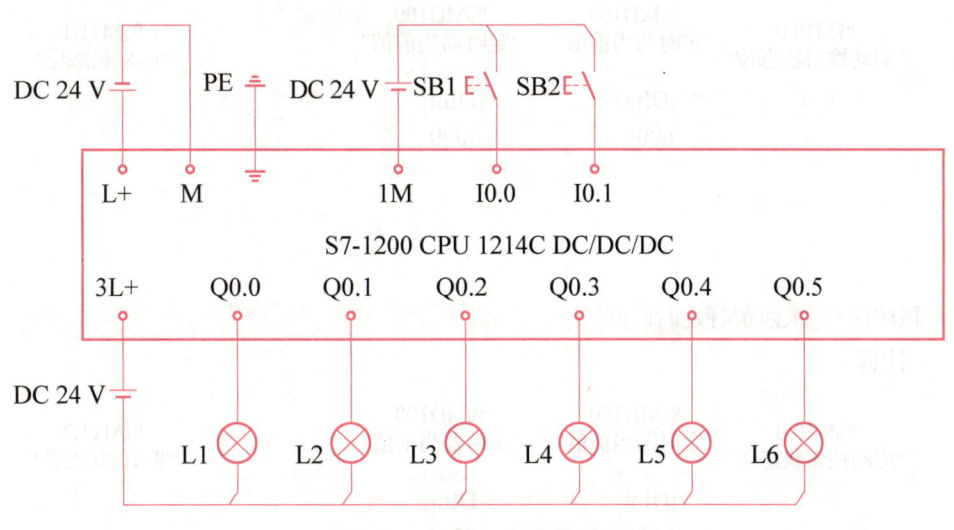

图 8-6　PLC 硬件接线图

五、编写梯形图程序

交通灯自动控制梯形图程序如图 8-7 所示。

▼ 程序段1：启动
注释

```
  %I0.0                                          %M10.0
"启动按钮"                                    "启动按钮状态位"
─┤ ├──────────────────────────────────────────( S )─
```

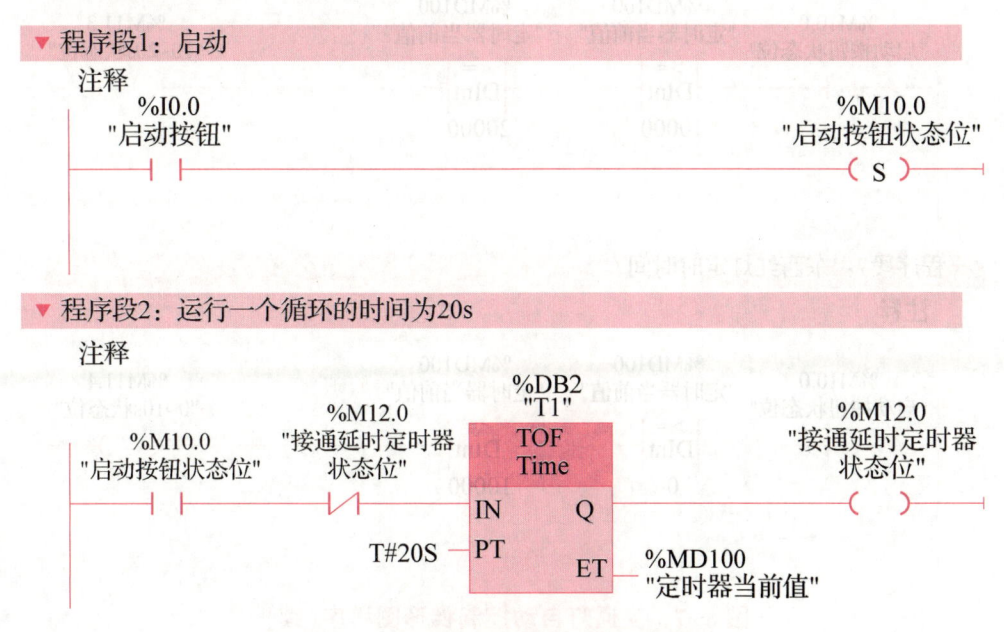

▼ 程序段2：运行一个循环的时间为20s
注释

```
                                %DB2
                                 "T1"
  %M10.0        %M12.0           TOF              %M12.0
"启动按钮     "接通延时定时器    Time         "接通延时定时器
  状态位"        状态位"                          状态位"
─┤ ├────────────┤/├────────IN        Q─────────────( )─
                    T#20S──PT        ET──%MD100
                                         "定时器当前值"
```

图 8-7　交通灯自动控制梯形图程序

▼ 程序段3：东西绿灯定时时间
注释

```
   %M10.0         %MD100         %MD100                      %M11.0
"启动按钮状态位"  "定时器当前值"   "定时器当前值"              "0~6s状态位"
    ──┤ ├──────────┤>=├───────────┤<=├──────────────────────( )──
                   DInt           DInt
                    0             6000
```

▼ 程序段4：东西绿灯闪烁定时时间
注释

```
   %M10.0         %MD100         %MD100                      %M11.1
"启动按钮状态位"  "定时器当前值"   "定时器当前值"              "6~8s状态位"
    ──┤ ├──────────┤>=├───────────┤<=├──────────────────────( )──
                   DInt           DInt
                   6000           8000
```

▼ 程序段5：东西黄灯定时时间
注释

```
   %M10.0         %MD100         %MD100                      %M11.2
"启动按钮状态位"  "定时器当前值"   "定时器当前值"              "8~10s状态位"
    ──┤ ├──────────┤>=├───────────┤<=├──────────────────────( )──
                   DInt           DInt
                   8000          10000
```

▼ 程序段6：东西红灯定时时间
注释

```
   %M10.0         %MD100         %MD100                      %M11.3
"启动按钮状态位"  "定时器当前值"   "定时器当前值"              "10~20s状态位"
    ──┤ ├──────────┤>=├───────────┤<=├──────────────────────( )──
                   DInt           DInt
                  10000          20000
```

▼ 程序段7：东西红灯定时时间
注释

```
   %M10.0         %MD100         %MD100                      %M11.4
"启动按钮状态位"  "定时器当前值"   "定时器当前值"              "0~10s状态位"
    ──┤ ├──────────┤>=├───────────┤<=├──────────────────────( )──
                   DInt           DInt
                    0            10000
```

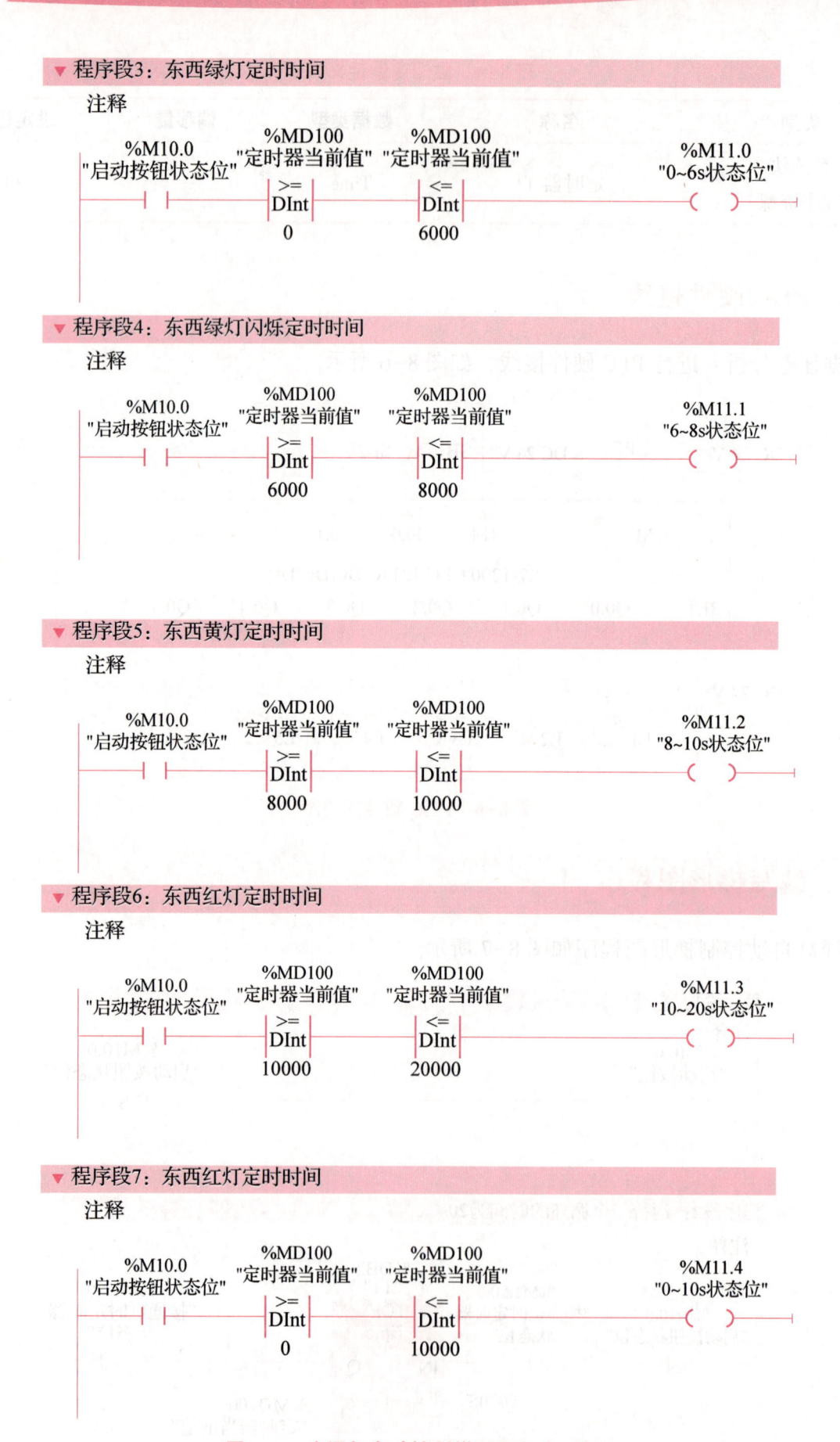

图 8-7　交通灯自动控制梯形图程序（续）

▼ 程序段8：南北红灯定时时间
　注释

```
   %M10.0        %MD100         %MD100                    %M11.5
"启动按钮状态位"  "定时器当前值"   "定时器当前值"            "10~16s状态位"
    ──┤├────────┤>=├──────────┤<=├────────────────────────( )──
              DInt           DInt
              10000          16000
```

▼ 程序段9：南北绿灯闪烁定时时间
　注释

```
   %M10.0        %MD100         %MD100                    %M11.6
"启动按钮状态位"  "定时器当前值"   "定时器当前值"            "16~18s状态位"
    ──┤├────────┤>=├──────────┤<=├────────────────────────( )──
              DInt           DInt
              16000          18000
```

▼ 程序段10：南北黄灯定时时间
　注释

```
    %M11.0        %MD100         %MD100                    %M11.7
 "0~6s状态位"   "定时器当前值"   "定时器当前值"            "18~20s状态位"
    ──┤├────────┤>=├──────────┤<=├────────────────────────( )──
              DInt           DInt
              18000          20000
```

▼ 程序段11：东西绿灯
　注释

```
    %M11.0                                                  %Q0.0
 "0~6s状态位"                                            "东西方向绿灯"
    ──┤├──────────────────────┬─────────────────────────────( )──
                              │
    %M11.1        %M0.5       │
 "6~8s状态位"   "Clock_1Hz"    │
    ──┤├──────────┤├──────────┘
```

▼ 程序段12：东西黄灯
　注释

```
    %M11.2                                                  %Q0.1
 "8~10s状态位"                                           "东西方向黄灯"
    ──┤├─────────────────────────────────────────────────────( )──
```

图 8-7　交通灯自动控制梯形图程序（续）

119

▼ 程序段13：东西红灯
　　注释

```
    %M11.3                                                    %Q0.2
"10~20s状态位"                                              "东西方向红灯"
    ──┤├──────────────────────────────────────────────────────( )──
```

▼ 程序段14：南北红灯
　　注释

```
    %M11.4                                                    %Q0.3
 "0~10s状态位"                                              "南北方向红灯"
    ──┤├──────────────────────────────────────────────────────( )──
```

▼ 程序段15：南北绿灯
　　注释

```
    %M11.5                                                    %Q0.4
"10~16s状态位"                                              "南北方向黄灯"
    ──┤├──────────────────────────────────────────────────────( )──
    
    %M11.6       %M0.5
"16~18s状态位"  "Clock_1Hz"
    ──┤├──────────┤├──
```

▼ 程序段16：南北黄灯
　　注释

```
    %M11.7                                                    %Q0.5
"18~20s状态位"                                              "南北方向绿灯"
    ──┤├──────────────────────────────────────────────────────( )──
```

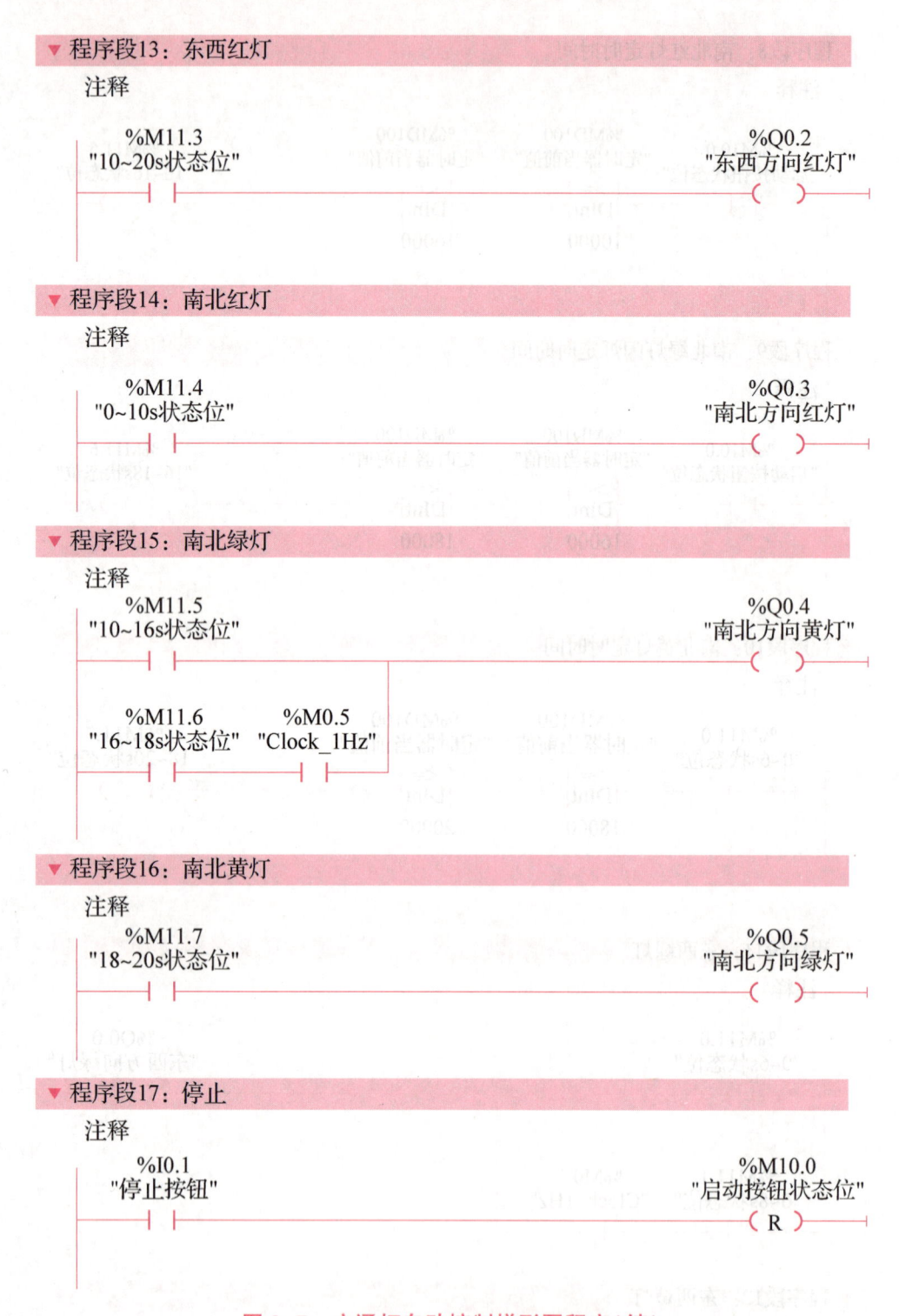

▼ 程序段17：停止
　　注释

```
    %I0.1                                                     %M10.0
  "停止按钮"                                               "启动按钮状态位"
    ──┤├──────────────────────────────────────────────────────( R )──
```

图8-7　交通灯自动控制梯形图程序（续）

六、实训步骤

（1）将PLC主机上的电源开关断开，按照图8-6所示PLC硬件接线图进行PLC输入、输出端的电路连接，注意24V电源的正、负极不要短接，以防止电路短路，损坏PLC触点。

（2）接通PLC主机上的电源开关，将PLC串口置于STOP状态，将STEP软件中的控制程序下载到 PLC 中，下载完毕后，将 PLC 串口置于 RUN 状态。

(3) 接通交通灯自动控制模块电源，具体操作步骤如下。

①按下启动按钮 SB1，东西绿灯亮，南北红灯亮。

②6s 以后东西绿灯闪烁，南北红灯亮。

③东西绿灯闪烁 2s 后灭，东西黄灯亮，南北红灯亮。

④东西黄灯亮 2s 后灭，东西红灯亮，南北红灯灭，南北绿灯亮。

⑤东西红灯亮，南北绿灯亮 6s 后，闪烁 2s。

⑥东西红灯亮，南北绿灯闪烁 2s 后，南北黄灯亮 2s 后灭。

项目评价

任务完成情况如表 8-5 所示。

表 8-5　任务完成情况

项目	主要内容	考核要求	评分标准	配分	扣分	得分	小计
任务完成情况	I/O 分配	1. 列出 PLC I/O 分配表 2. 画出程序设计流程图	1. 电路设计不全，每处扣 2 分 2. 输入/输出地址遗漏，每处扣 2 分 3. 设计流程图错误，每处扣 2 分	10			
	程序设计及输入	1. 根据程序设计流程图，编写梯形图程序 2. 熟练操作 PLC 键盘，正确将所编程序传送到 PLC	1. 不能熟练操作计算机键盘输入指令，扣 2 分 2. 梯形图表达不正确或画法不规范，每处扣 5 分 3. 不能熟练地将程序下载到 PLC 中，扣 5 分	30			
	布线工艺	按工艺要求用导线将输入、输出元器件连接起来（采用线槽、软线连接）	1. 布线不符合要求，每根扣 2 分 2. 接点不符合要求，每点扣 2 分 3. 损伤导线绝缘，每根扣 5 分 4. 漏套或错套编码套管，每个扣 1 分	20			
	运行调试	按被控设备的动作要求进行调试，达到控制要求	1. 一次试车不成功，扣 5 分 2. 不能进行程序调试，扣 1~5 分 3. 不能达到控制要求，扣 1~10 分	20			

续表

项目	主要内容	考核要求	评分标准	配分	扣分	得分	小计
综合能力	职业素养	学习主动性	1. 学习主动性差，学习准备不充分，扣2分	10			
		团队沟通合作	2. 团队合作意识差，缺乏协作精神，扣2分				
		语言表达	3. 语言表达不规范，扣2分				
		工作效率	4. 时间观念不强，工作效率低，扣2分				
		工作质量	5. 不注重工作质量与工作成本，扣2分				
	安全文明生产	安全生产规程操作	1. 安全意识差，不按安全生产规程操作，扣10分	10			
		劳动保护用品	2. 劳动保护用品穿戴不整齐，扣10分				
		清理工作现场	3. 施工后不清理现场，扣5分				
定额时间		15min，每超时5min扣5分					
备注		除定额时间外，各项目的最高扣分不应超过配分数		合计	100		
开始时间			结束时间		实际用时		

知识扩展

一、范围内 IN_RANGE、范围外 OUT_RANGE 指令

此指令用于判断一个数在范围内还是范围外，如表8-6所示。

表8-6 范围内、范围外指令

LAD/FBD	SCL	说明
IN_RANGE ??? — MIN — VAL — MAX	OUT：=IN_RANGE(MIN, VAL, MAX);	测试输入值是在指定的值范围之内还是之外。如果比较结果为TRUE，则功能框输出为TRUE
OUT_RANGE ??? — MIN — VAL — MAX	OUT：=OUT_RANGE(MIN, VAL, MAX);	

"???"表示数据类型及范围,单击"???"并从下拉列表中选择数据类型,如图 8-8 所示。

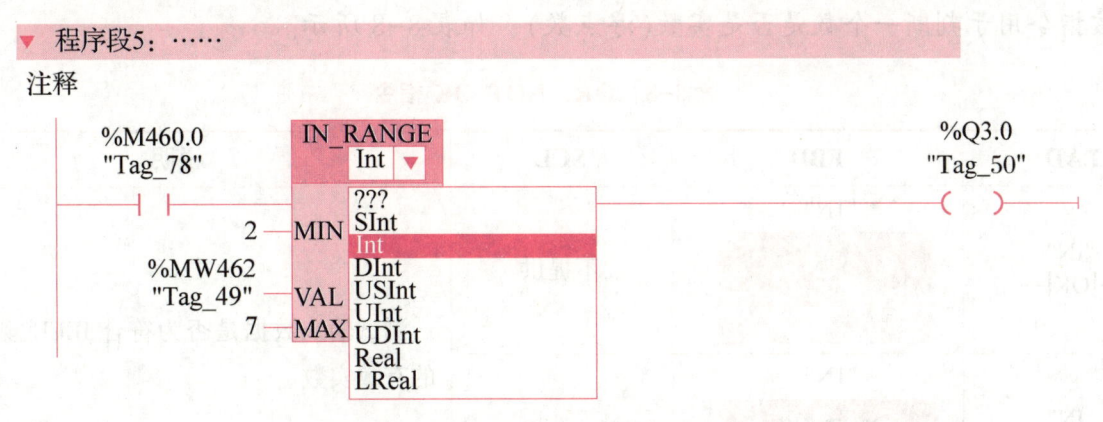

图 8-8　IN_RANGE 数据类型

该指令的功能如下。

满足以下条件时,IN_RANGE 比较结果为真:MIN<=VAL<=MAX。

满足以下条件时,OUT_RANGE 比较结果为真:VAL<MIN 或 VAL>MAX。

1. 内容与要求

利用 TIA 博途软件仿真,完成下列控制要求:当 M460.0 接通时,判断 MW462 内的数值是否在 2 和 7 之间,如满足条件,Q3.0 得电。

2. I/O 分配表

根据控制要求列出 I/O 分配表,如表 8-7 所示。

表 8-7　I/O 分配表

类别	名称	数据类型	地址	功能
输入端	—	—	—	—
输出端	HL1	Bool	Q3.0	指示灯
存储器位	起始条件	Bool	M460.0	—
	判断	Bool	MW462	—

3. 程序编写与调试

梯形图程序如图 8-9 所示。

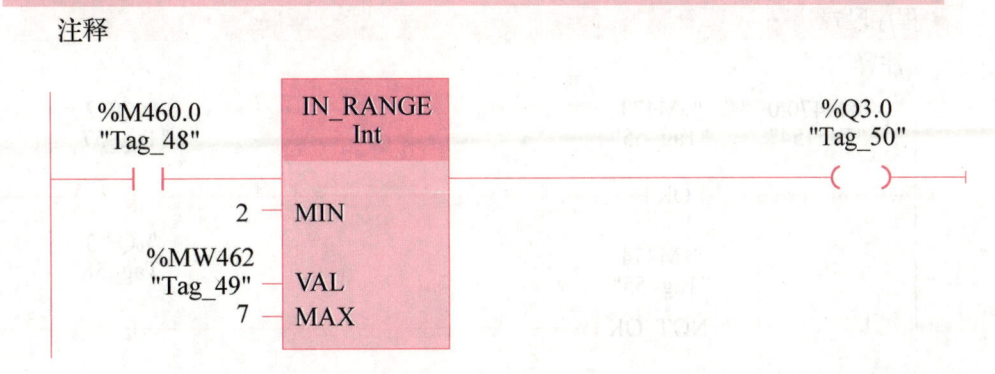

图 8-9　梯形图程序

二、OK、NOT_OK 指令

该指令用于判断一个数是否是实数(浮点数)，如表 8-8 所示。

表 8-8　OK、NOT_OK 指令

LAD	FBD	SCL	说明
"IN" —|OK|—	"IN" OK	不提供	测试输入数据是否为符合 IEEE 规范 754 的有效实数。
"IN" —|NOT_OK|—	"IN" NOT_OK	不提供	

1. 内容与要求

利用 TIA 博途软件仿真，完成下列控制要求：当 M470.0 接通时，判断 MD474 内的数值是否为浮点数，如满足条件，Q3.2 得电，如不满足条件，Q3.3 得电。

2. I/O 分配表

根据控制要求列出 I/O 分配表，如表 8-9 所示。

表 8-9　I/O 分配表

类别	名称	数据类型	地址	功能
输入端	—	—	—	—
输出端	HL1	Bool	Q3.2	指示灯
	HL2	Bool	Q3.3	指示灯
存储器位	起始条件	Bool	M470.0	—
	存储	Bool	MD474	—

3. 程序编写与调试

梯形图程序如图 8-10 所示。

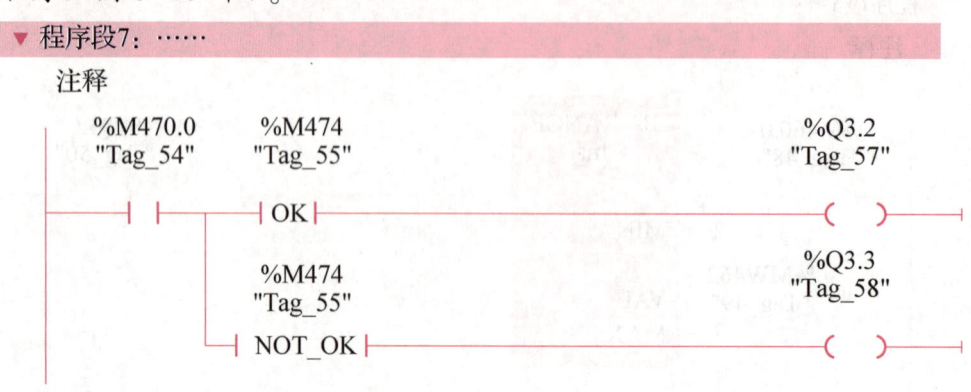

▼ 程序段7：……
　注释

```
     %M470.0      %M474                                %Q3.2
     "Tag_54"     "Tag_55"                             "Tag_57"
       ──┤├─────────┤OK├──────────────────────────────( )──

                   %M474                                %Q3.3
                   "Tag_55"                             "Tag_58"
                  ──┤NOT_OK├───────────────────────────( )──
```

图 8-10　梯形图程序

项目总结

　　本项目以实际交通灯控制要求为例，利用比较指令编写程序。因为本项目控制要求较为复杂，所以在编写程序时可将东西方向和南北方向的交通灯分开编写，红、黄、绿灯运行一个周期的时间是固定的，可以以一个循环为总的定时时间，通过比较定时器的当前值来判断灯亮的情况，编程方法不唯一，同学们可以寻求其他编程方法。

项目九 自动送料装车控制

项目目标

知识目标：
(1) 掌握程序结构的概念及类别；
(2) 了解程序块和数据块的使用方法；
(3) 掌握自动送料装车控制程序的动作过程。

能力目标：
(1) 会使用组织块进行程序编制；
(2) 使用数据块建立变量；
(3) 具备编写自动送料装车控制程序的能力。

素质目标：
(1) 能主动学习，在完成任务的过程中发现问题、分析问题和解决问题；
(2) 能与小组成员协商、交流配合完成本项目；
(3) 严格遵守安全规范。

项目背景

PLC编程通常采用梯形图方式进行。对于较为简单的逻辑内容，直接使用梯形图就可以了，但一些自动化程度较高的生产线的工控逻辑关系复杂、内容庞大，导致梯形图程序很多。为了便于编写较复杂程序以及更好、更清晰地明确逻辑关系，S7-1200 PLC提供了程序块的程

项目九　自动送料装车控制

序结构。本项目通过实例介绍用户程序结构，如组织块、数据块、函数及函数块等。

项目引入

物料传送控制系统在物流、矿山等行业中应用是较多的，特别是用多条传送带组成长距离的物料运输线更是常见，这种系统对提高生产效率和降低工人劳动强度是十分有效的。在工程实践中，经常需要对电动机组按顺序进行启停控制，在特殊工作场合，有时要求对多台电动机进行顺序启动、逆序停止控制。三相交流异步电动机的启动电流较大，一般是额定电流的 5~7 倍，故对于功率较大的电动机，应采用降压方式启动，其中 Y-△降压启动是常用的启动方法之一。物料传送控制系统结构示意如图 9-1 所示。

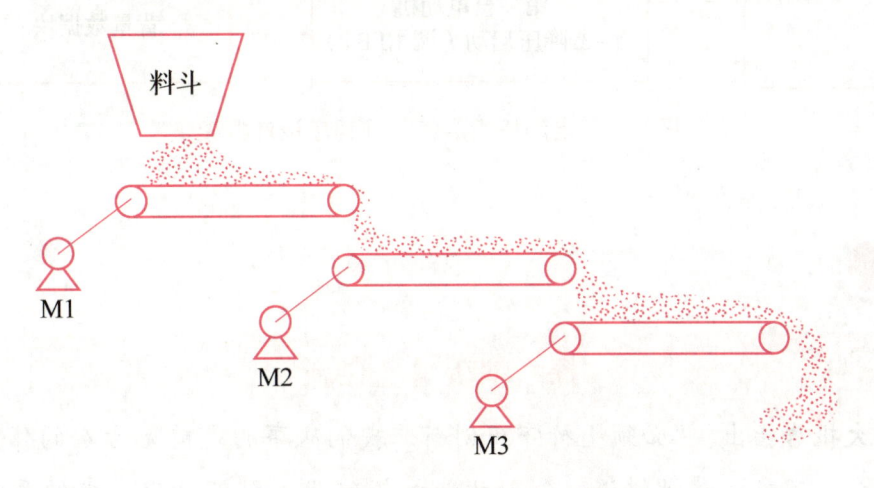

图 9-1　物料传送控制系统结构示意

控制要求如下。

（1）该电动机组共有 3 台电动机，每台电动机均要求实现 Y-△降压启动。

（2）在启动时，按下启动按钮，M1 启动，10s 后 M2 启动，再过 10s 后 M3 启动。

（3）在停止时，按下停止按钮，逆序停止，即 M3 先停止，10s 后 M2 停止，再过 10s 后 M1 停止。

（4）任何一台电动机，其控制电源的接触器和采用星形接法的接触器接通电源 6s 后，采用星形接法的接触器断电，1s 后采用三角形接法的接触器接通。

项目分析

由于 3 台电动机要按照不同的时间序列实现 Y-△降压启动，所以可以采用结构化程序设计的思路，单独设计一个功能块实现按启动按钮电动机 Y-△降压启动，按停止按钮电动机立即停止。在主程序中，按不同时间序列 3 次调用该功能块即可。电动机组启停控制程序设计框架如图 9-2 所示，其中 FB1 为电动机 Y-△降压启动功能块，在调用该功能块时，必须生成对

127

应的背景数据块，3次调用，生成3个对应的背景数据块。因此，本项目涉及功能块的编辑、生成和调用方法，多重背景数据块的设计和使用等相关知识，以及按时间序列设计程序的基本方法。

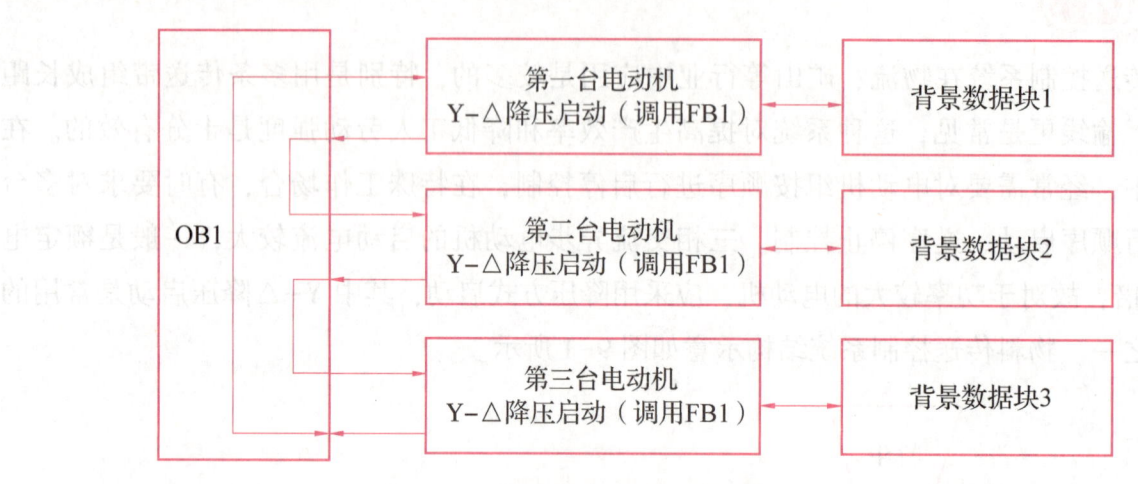

图 9-2　电动机组启停控制程序设计框架

科技之星

探索创新 守正创新

党的二十大报告指出："必须坚持守正创新。我们从事的是前无古人的伟大事业，守正才能不迷失方向、不犯颠覆性错误，创新才能把握时代、引领时代。我们要以科学的态度对待科学，以真理的精神追求真理，坚持马克思主义基本原理不动摇，坚持党的全面领导不动摇，坚持中国特色社会主义不动摇，紧跟时代步伐，顺应实践发展，以满腔热忱对待一切新生事物，不断拓展认识的广度和深度，敢于说前人没有说过的新话，敢于干前人没有干过的事情，以新的理论指导新的实践。"

人工智能成为当前最热门的话题，整个社会对人工智能可以发挥的作用产生了空前高涨的期待。作为人工智能技术的中国科技公司，华为从2020年开始立项做华为云盘古大模型（以下简称"盘古大模型"），到2021年4月发布，盘古大模型一直颇受业界关注。与百度的文心一言、阿里的通义千问不同，盘古大模型强调在细分场景的落地应用，主要解决商业环境中低成本大规模定制的问题，用人工智能赋能千行百业。盘古大模型3.0首次明确定位"为行业而生"；盘古大模型的全栈创新和行业大模型的"炼成术"也首次对外公布。盘古大模型要让每个行业、每个企业、每个人都拥有自己的专家助手，让工作更高效、更轻松。盘古大模型3.0已在煤矿、铁路、气象、金融、代码开发、数字内容生成等领域发挥作用，提升生产效率，降低研发成本。

> 知识储备

一、S7-1200 PLC 中的程序块

程序块即一段整体的、独立的、可识别的程序指令，是大型程序指令的一部分。S7-1200 PLC 的用户数据结构采用模块化编程结构。采用模块化编程结构目的是将复杂的自动化任务划分为对应生产过的技术功能较小的子任务，这样一个子任务就对应一个称为"块"的子程序。程序块之间可以相互调用来组织程序，这样有利于修改与调试。

使用程序块的概念有以下好处。

(1)便于大规模程序的设计和理解。

将不同的任务分成不同的程序块，在大的项目中按照任务、功能划分不同的任务段，为每个任务段编写不同的程序块，完成这个任务段的程序块就行。

(2)可设计标准化的程序块，方便进行重复调用。

例如一个电动机的控制，涉及电动机的启动方式，运行参数如速度的反馈、电压电流的反馈等。如果设计一个标准的程序块，则不同的工程师无须重新设计，直接调用标准块即可。

(3)程序结构清晰明了，修改方便，调试简单。

(4)增加 PLC 的组织透明性，可理解，易维护。

二、程序块的分类及功能

S7-1200 PLC 中程序块分为组织块(OB)、函数块(FB)、函数(FC)、数据块(DB)。不严谨地说，组织块可以相当于主程序，函数块和函数可以相当于子程序，数据块可以相当于数据存储区。程序块的分类及功能如表 9-1 所示，添加程序块操作界面如图 9-3 所示。

表 9-1　程序块的分类及功能

块	简要描述
组织块(OB)	操作系统与用户程序的接口，决定用户程序的结构
函数块(FB)	用户编写的包含经常使用的功能的子程序，有专用的背景数据块
函数(FC)	用户编写的包含经常使用的功能的子程序，没有专用的背景数据块
背景数据块(DB)	用于保存函数块的输入变量、输出变量和静态变量，其数据在编译时自动生成
全局数据块(DB)	存储用户数据的数据区域，供所有程序块共享

图 9-3 添加程序块操作界面

1. 组织块

组织块是 CPU 操作系统与用户程序的接口，决定了用户程序的结构。组织块自动被操作系统调用。使用中有中断组织块、启动组织块等。使用时必须有 OB1 组织块，操作系统每个扫描周期执行一次 OB1。

2. 函数块

函数块是用户编写的包含经常使用的功能的子程序，其含有专用的背景数据块。由于运行过程中需要调用各种参数，所以产生了背景数据块，需要用到的数据就存储在了背景数据块中，即使结束调用，数据也不丢失。

3. 函数

函数也是用户编写的包含经常使用的功能的子程序。与函数块的区别是，函数无专用的背景数据块。函数在运行时产生的临时变量保存在全局数据块中，执行结束后，数据将丢失，不具备存储功能。

函数块和函数的区别主要是是否含有专用的背景数据块。在实际工程中，使用哪一种主要看是否需要记录参数。

4. 数据块

数据块分为背景数据块和全局数据块两种。背景数据块专门用于保存函数块中的输入变量、输出变量和静态变量。其中的数据在编译时自动生成。全局数据块是一片存储用户数据的区域，供所有程序块访问。全局数据块也被称为共享数据块。

三、程序块详解

1. 组织块

组织块用于 CPU 中的特定事件，可中断用户程序的运行。其中 OB1 为执行用户程序默认的组织块，是用户必需的程序块，一般用户程序和调用程序块都在 OB1 中完成。如果程序中包括其他组织块，那么当特定事件（启动任务、硬件中断事件等）触发这些组织块时，OB1 的执行会被中断。特定事件处理完毕后，会恢复 OB1 的执行。

2. 函数块

函数块相当于带背景数据块的子程序，用户在函数块中编写子程序，然后在组织块或函数块、函数中调用它。调用函数块时，需要将相应的参数传递到函数块，并指明其背景数据块，背景数据块用来保存该函数块执行期间的值状态，该值在函数块执行完也不会丢失，程序中的其他块可以使用这些值状态。通过更改背景数据块可使一个函数块被调用多次。例如，借助包含每个泵或变频器的特定运行参数的不同背景数据块，同一个函数块可以控制多个泵或变频器的运行。

3. 函数

函数相当于不带背景数据块的子程序，用户在函数中编写子程序，然后在组织块或函数块、函数中调用它。调用块将参数传递给函数，函数执行程序。函数是快速执行的程序块，用于完成标准的和可重复使用的操作（如算术运算等）。函数中的输出值必须写入存储器地址或全局数据块。

用户可根据实际要求，选择线性结构或模块化结构创建用户程序，如图 9-4 所示。

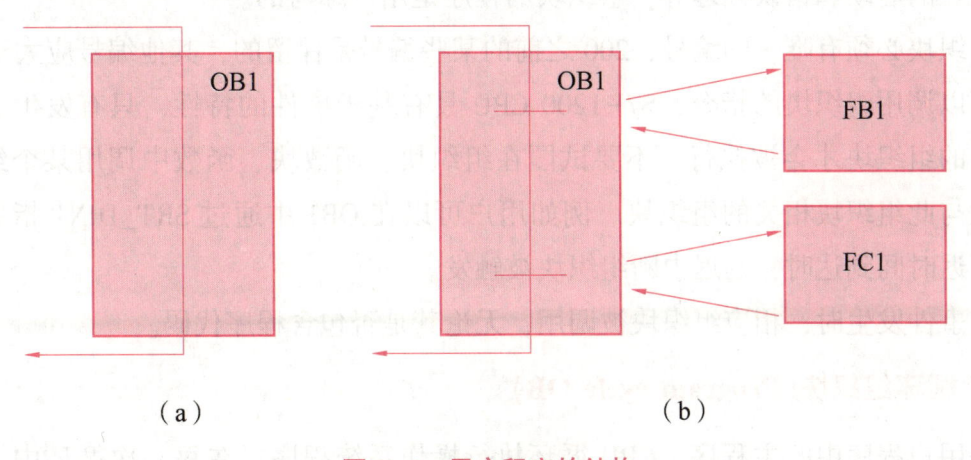

图 9-4 用户程序的结构
(a) 线性结构；(b) 模块化结构

线性程序按照顺序逐条执行用于自动化任务的所有指令。通常线性程序将所有指令代码都放入循环执行程序的组织块(如OB1)。

模块化程序则调用可执行特定任务的程序块(如函数块、函数)。

被调用的程序块又可以调用别的程序块,这种调用称为嵌套调用,如图9-5所示。从程序循环组织块或启动组织块开始,S7-1200 PLC的嵌套深度为16;从中断组织块开始,S7-1200 PLC的嵌套深度为6。在块调用中,调用者可以是各种程序块,被调用的块是组织块之外的程序块。调用函数块时需要为它指定一个背景数据块。

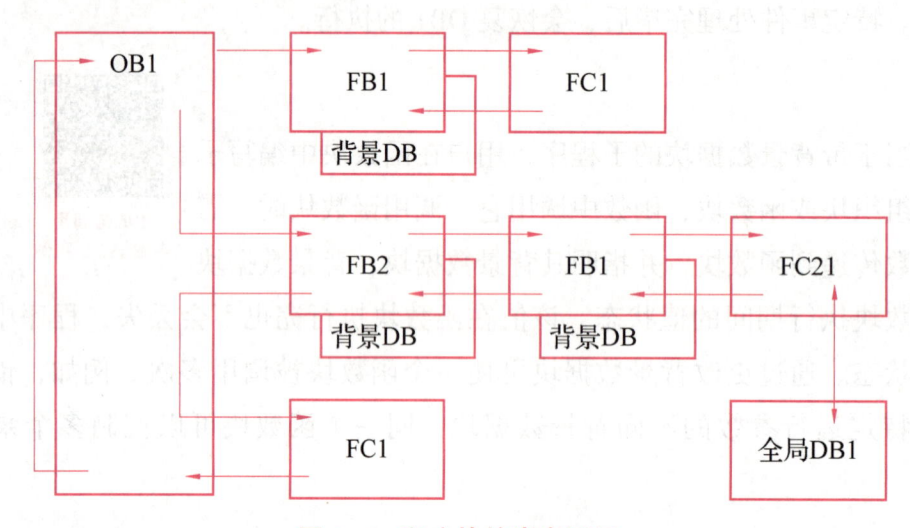

图 9-5　程序块的嵌套调用

四、组织块的使用方法

1. 组织块

组织块是操作系统与用户程序的接口,由操作系统调用,用于控制循环扫描和中断程序的执行、PLC的启动和错误处理等。组织块的程序是用户编写的。

每个组织块必须有唯一的编号,200之前的某些编号是保留的,其他编号应大于等于200。

没有可以调用组织块的指令,S7-1200 CPU具有基于事件的特性,只有发生了某些特定事件,相应的组织块才会被执行。不要试图在组织块、函数块、函数中调用某个组织块,除非用户触发与此组织块相关的组织块。例如用户可以在OB1中通过SRT_DINT指令设置延迟时间,当延迟时间到达时,延迟中断组织块被触发。

当特定事件发生时,相应组织块被调用,无论其是否包含程序代码。

2. 程序循环组织块(Program cycle OB)

OB1是用户程序中的主程序,CPU循环执行操作系统程序,在每一次循环中,操作系统都调用一次OB1,因此OB1中的程序也是循环执行的。

允许有多个程序循环组织块,默认的是OB1,其他程序循环组织块的编号应大于等于 200。

3. 启动组织块（Startup OB）

当 CPU 的工作模式从 STOP 切换到 RUN 时，执行一次启动组织块，以初始化程序循环组织块中的某些变量。

执行完启动组织块后，开始执行程序循环组织块。

可以有多个启动组织块，默认的为 OB100，其他启动组织块的编号应大于等于 200。

4. 中断组织块（Interrupt OB）

中断组织块用来实现对特殊内部事件或外部事件的快速响应。

如果没有中断事件出现，CPU 循环执行组织块 OB1。如果出现中断事件，例如诊断中断和时间延迟中断等，因为 OB1 的中断优先级最低，所以操作系统在执行完当前程序的当前指令后，立即响应中断。CPU 暂停正在执行的程序块，自动调用一个分配给该事件的组织块（即中断程序）来处理中断事件。执行完中断组织块后，返回被中断程序的断点处继续执行原来的程序。

这意味着部分用户程序不必在每次循环中处理，而是在需要时才被及时处理。处理中断事件的程序放在该事件驱动的组织块中。

5. 时间延迟中断组织块（Time-delay OB）

此组织块可以通过 SRT_DINT 指令设置其延迟时间，当延迟时间到达时，延迟中断组织块被触发。

6. 周期中断组织块（Cyclic interrupt OB）

该组织块在指定间隔之间被执行。

7. 硬件中断组织块（Hardware interrupt OB）

该组织块在指定的硬件事件发生时被执行，例如数字量输入信号的上升沿或下降沿。

8. 时间错误中断组织块（Time-error interrupt OB）

该组织块在检测到时间错误（程序循环扫描组织块执行时间超出了 CPU 属性中定义的最大扫描时间）时被执行，该组织块的编号只能是 OB80。当 CPU 中没有该组织块时，用户可以指定当时间错误发生时 CPU 是忽略此错误还是转换到 STOP 模式。

9. 诊断错误中断组织块（Diagnostic error interrupt OB）

该组织块在检测到诊断错误时被执行，其编号只能是 OB82。当 CPU 中没有该组织块时，用户可以指定当诊断错误发生时 CPU 是忽略此错误还是转换到 STOP 模式。

组织块的调用如图 9-6 所示。

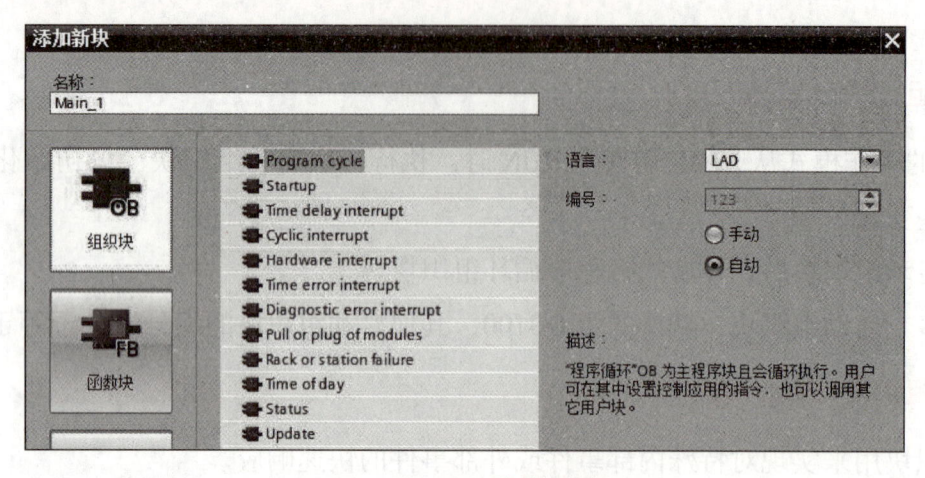

图 9-6　组织块的调用

五、数据块的使用方法

数据块是用于存放执行代码块时所需数据的数据区。与程序块不同，数据块没有指令，STEP 软件按数据生成顺序自动为数据块中的变量分配地址。有两种类型的数据块。

全局数据块：存储供所有程序块使用的数据，所有组织块、函数块和函数都可以访问。

背景数据块：存储供特定的函数块使用的数据。背景数据块中保存的是对应函数块的输入、输出参数和局部静态变量。函数块的临时数据（Temp）不是用背景数据块存储的。

1. 全局数据块的生成与使用

全局数据块存储供所有程序块使用的数据，下面通过一个示例演示全局数据块的生成和使用方法。

新建一个项目，命名为"全局数据块使用"，CPU 选择 1215C。打开项目视图中文件夹"\PLC_1\程序块"，双击其中的"添加新块"命令，单击打开的对话框中的"数据块"按钮，在右侧"类型"下拉列表中选择"全局 DB"选项（默认），如图 9-7 所示。

图 9-7　生成全局数据块

在这里建立 SB1（Bool）、SB2（Bool）、SUM1（Int）以及 SUM2（Real）4 个变量，如图 9-8 所示。

图 9-8　变量定义

接下来在 OB1 中编写图 9-9 所示的程序，下载并在线监控，程序段 1 是为了调试方便，用 I0.0 和 I0.1 分别为"数据块_1".SB1 和"数据块_1".SB2 赋值。按下 SB1，执行整数加法，将和写入"数据块_1".SUM1；按下 SB2，执行实数加法，将和写入"数据块_1".SUM2。图 9-9 所示为 I0.0 接通 1 次，I0.1 接通 4 次的结果。读者自己试验如果程序段 2 不用沿指令，运行结果应该是什么。

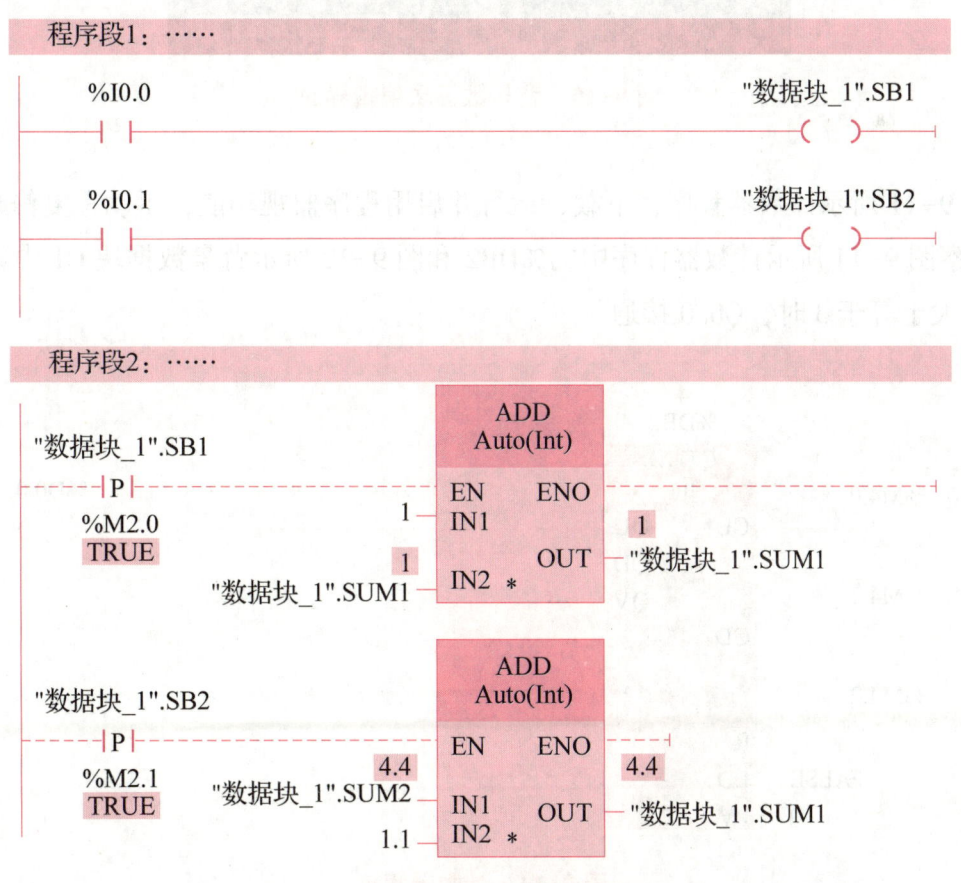

图 9-9　全局数据块使用程序运行结果

135

2. 背景数据块的生成与使用

背景数据块存储供特定的函数块使用的数据。背景数据块中保存的是对应函数块的输入、输出参数和局部静态变量。下面通过一个示例演示背景数据块的使用方法。

在"全局数据块使用"项目中，打开 OB1，用鼠标将常用指令下"计数器操作"中的 CTUD 拖拽至程序段，此时自动跳出背景数据块编辑界面，如图 9-10 所示。将"名称"改为"C1"，背景数据块自动编号为 2（因为项目中已经建立了编号为 1 的全局数据块_1[DB1]）。

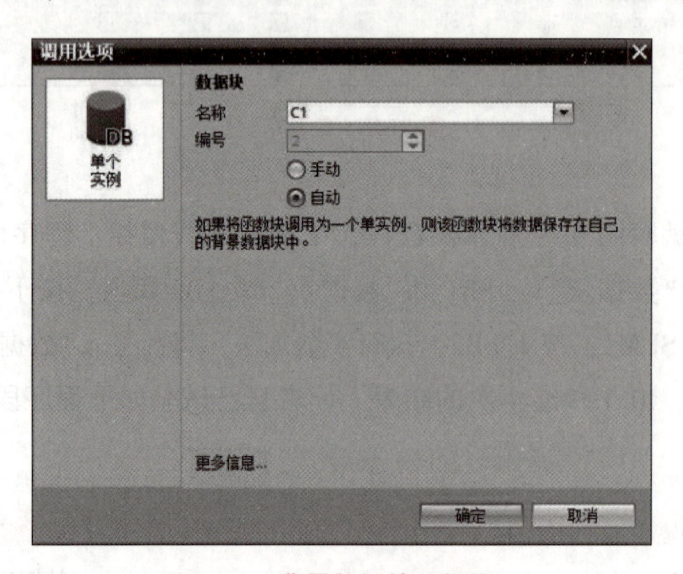

图 9-10 背景数据块编辑界面

编写图 9-11 所示计数器程序，下载、运行并启用程序监视功能，手动重复修改 M4.0 为 1 再为 0，观察图 9-11 所示计数器程序中的%DB2 和图 9-12 所示背景数据块 C1 中数据的变化，当计数器值大于等于 3 时，Q0.0 接通。

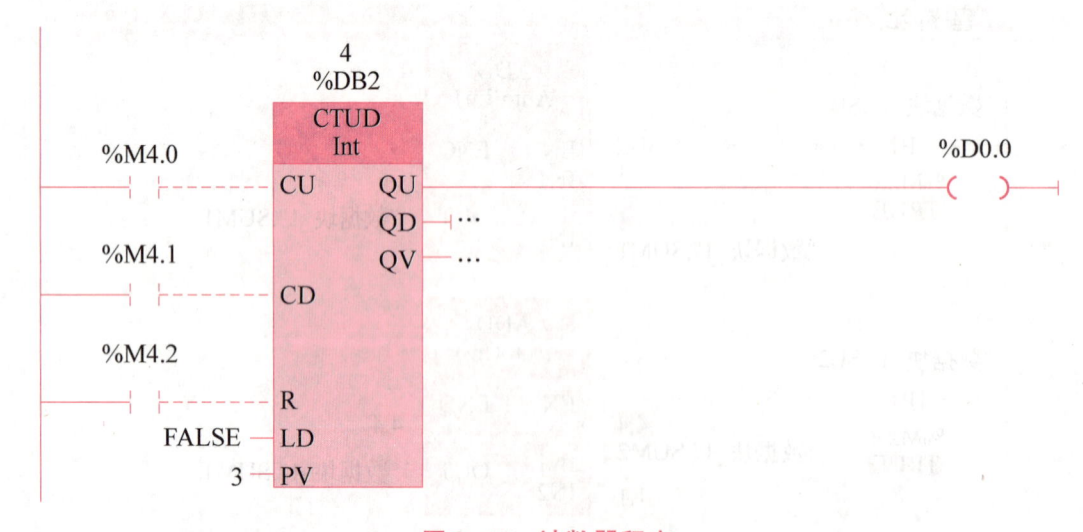

图 9-11 计数器程序

项目九　自动送料装车控制

图 9-12　数据块的定义

项目实施

依据自动送料装车控制系统的控制要求，完成编程与调试。

自动送料装车控制

一、设备清单

设备清单如表 9-2 所示。

表 9-2　设备清单

序号	名称	规格	数量
1	计算机	配备至少 50GB 的存储空间	1
2	操作系统	Windows 10 操作系统（64 位）	1
3	S7-1200 CPU	CPU1214C AC/DC/Rly	1
4	网线	—	1
5	编程软件	TIA 博途软件	1
6	自动送料装车控制系统 PLC 控制模拟板	与 PLC 和电源匹配	1

二、I/O 地址分配表

3 台电动机分别为 M1、M2、M3，每台电动机中都包括控制电源接触器、星形绕组接触器和三角形绕组接触器，I/O 分配表如表 9-3 所示。

137

表 9-3　I/O 分配表

类别	元件名称	数据类型	地址	功能
输入端	启动 SB1	Bool	I0.0	启动设备
	停止 SB2	Bool	I0.1	停止设备
输出端	M1 电源 KM1	Bool	Q0.0	M1 电源接通
	M1 星形 KM2	Bool	Q0.1	M1 星形接通
	M1 三角形 KM3	Bool	Q0.2	M1 三角形接通
	M2 电源 KM4	Bool	Q0.3	M2 电源接通
	M2 星形 KM5	Bool	Q0.4	M2 星形接通
	M2 三角形 KM6	Bool	Q0.5	M2 三角形接通
	M3 电源 KM7	Bool	Q0.6	M3 电源接通
	M3 星形 KM8	Bool	Q0.7	M3 星形接通
	M3 三角形 KM9	Bool	Q1.0	M3 三角形接通
存储器位	运行标志位	Bool	M0.0	—
	停止标志位	Bool	M0.1	—
	M2 启动信号	Bool	M1.0	—
	M3 启动信号	Bool	M1.1	—
	M2 停止信号	Bool	M2.0	—
	M1 停止信号	Bool	M2.1	—
	"FirstScan"	Bool	M10.0	首次循环

三、数据变量定义表

数据变量定义表如表 9-4 所示。

表 9-4　数据变量定义表

类别	名称	数据类型	偏移量	设定值/s
数据块	定时器 T1	IEC_TIMER	—	10
	定时器 T2	IEC_TIMER	—	20
	定时器 T3	IEC_TIMER	—	10
	定时器 T4	IEC_TIMER	—	20
	DJ1T1	IEC_TIMER	—	—
	DJ1T2	IEC_TIMER	—	—
	DJ2T1	IEC_TIMER	—	—
	DJ2T2	IEC_TIMER	—	—
	DJ3T1	IEC_TIMER	—	—
	DJ3T2	IEC_TIMER	—	—

四、PLC硬件接线

根据任务分析，系统CPU采用CPU1214CAC/DC/Rly，订货号为6ES7214-1BE30-0XB0，3台电动机顺序启停控制电路接线图如图9-13所示，输入部分采用外接直流电源供电，输出部分采用交流电源供电。

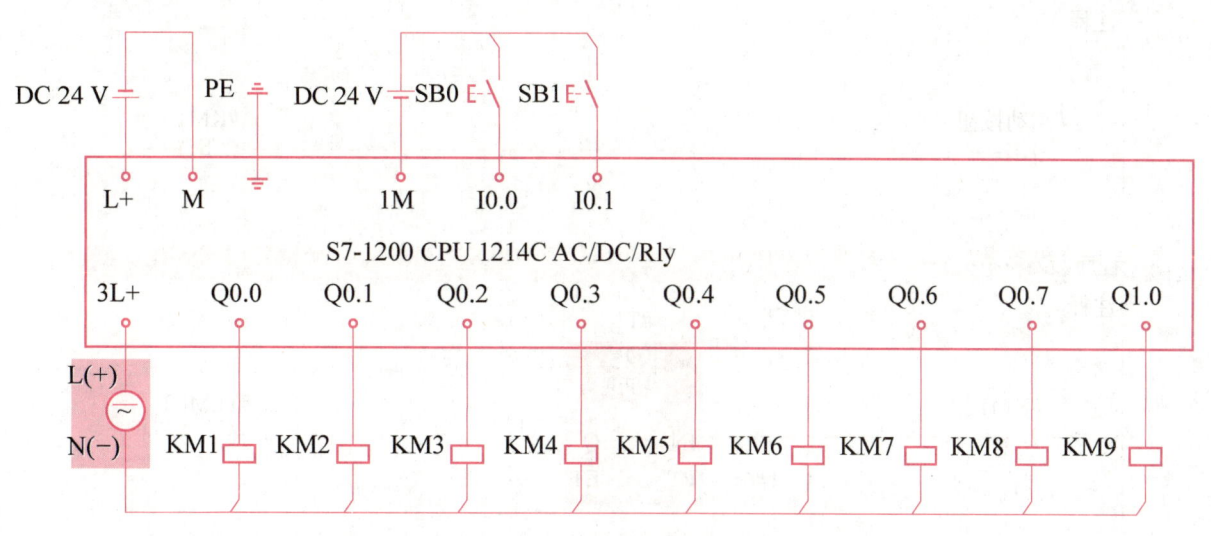

图9-13　3台电动机顺序启停控制电路接线图

五、编写梯形图程序

1. FB1设计

1）函数块的接口参数

首先添加一个电动机Y-△降压启动函数块FB1，打开接口参数的定义界面，定义接口参数，包括输入参数（Input）、输出参数（Output）、输入/输出参数（InOut）以及临时参数（Temp），如图9-14所示。

	名称	数据类型	默认值
1	▼ Input		
2	启动按钮	Bool	false
3	停止按钮	Bool	false
4	▼ Output		
5	KM2	Bool	false
6	KM3	Bool	false
7	▼ InOut		
8	KM1	Bool	false
9	▶ T1	IEC_TIMER	
10	▶ T2	IEC_TIMER	
11	▼ Static		
12	<新增>		
13	▼ Temp		
14	TEMP2	Bool	
15	TEMP3	Bool	

图9-14　FB1接口参数的定义

2）梯形图程序

程序段 1：接通电源线圈。程序段 2~4：用两个接通延时定时器控制星形线圈和三角形线圈。程序段 5：停止处理。功能：按下启动按钮，电源线圈和星形线圈接通电源，6s 后，星形线圈断电，再过 1s 后，三角形线圈接通电源，实现三角形运行。FB1 梯形图程序如图 9-15 所示。

程序段1：……
注释

```
    #启动按钮                                    #KM1
──────┤├─────────────────────────────────────( S )──
```

程序段2：……
注释

```
                        #T1
                       TON
                       Time
    #KM1                                        #TEMP2
──────┤├──┬────────────┤IN    Q├──────────────(   )──
          │    T#6s ───┤PT    ET├─ …
          │
          │             #T2
          │            TON
          │            Time
          │                                     #TEMP3
          └────────────┤IN    Q├──────────────(   )──
               T#7s ───┤PT    ET├─ …
```

程序段3：……
注释

```
    #KM1        #TEMP2                          #KM2
──────┤├─────────┤/├───────────────────────────(   )──
```

程序段4：……
注释

```
    #TEMP3                                      #KM3
──────┤├─────────────────────────────────────(   )──
```

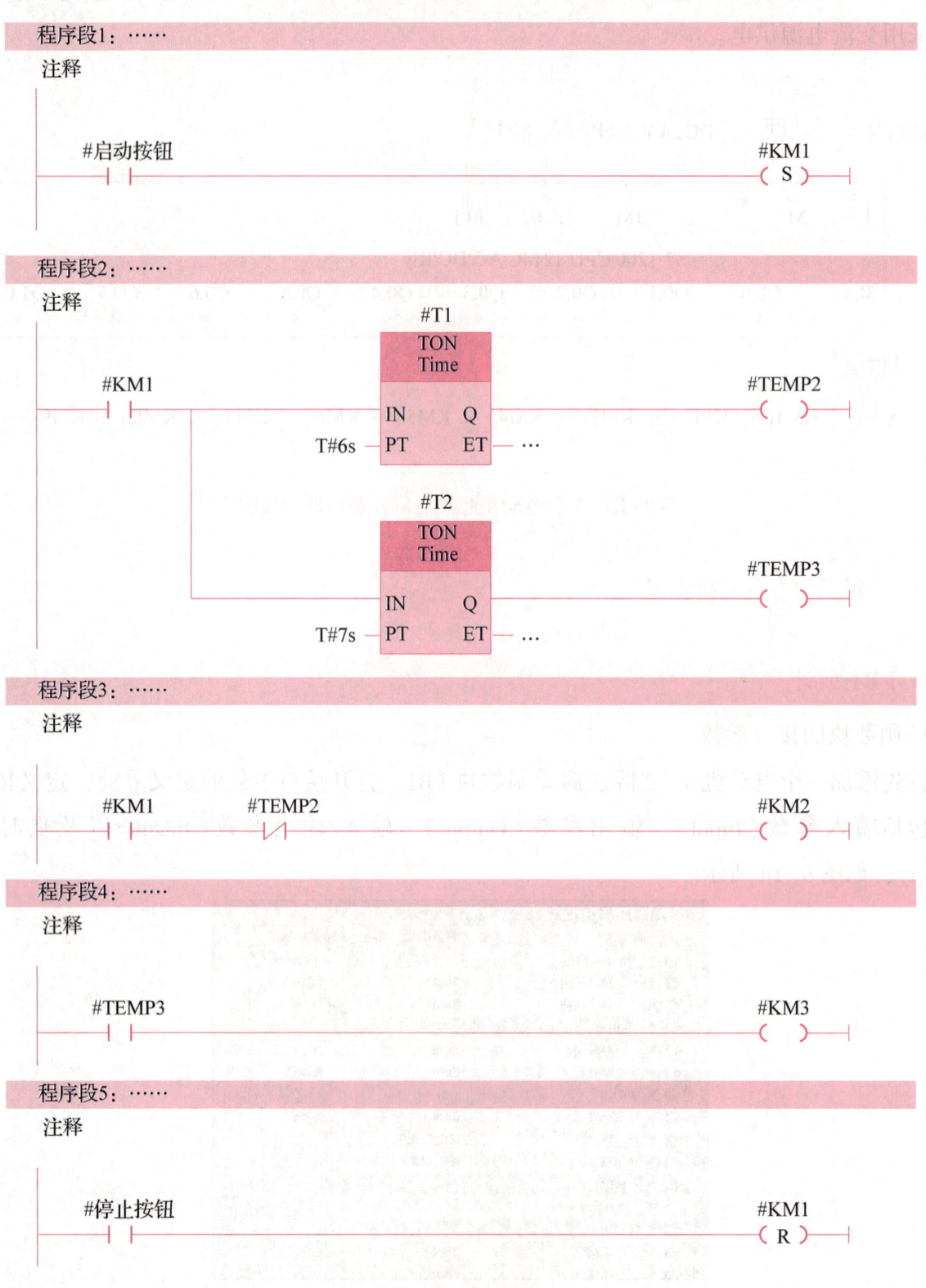

程序段5：……
注释

```
    #停止按钮                                    #KM1
──────┤├─────────────────────────────────────( R )──
```

图 9-15　FB1 梯形图程序

2. 主程序设计

1）添加背景数据块

首先添加数据块 DJ1T1、DJ1T2、DJ2T1、DJ2T2、DJ3T1、DJ3T2，数据类型均为 IEC_TIMER，用于在调用函数块时同接口参数 time2 结合，完成参数的传递。

2）梯形图程序

根据项目设计要求，定义 M0.0 为运行标志位，M0.1 为停止标志位。按照顺序启动的要求，M0.0 为第一台电动机的启动信号，将 M0.0 分别延时 10s 和 20s 得到 M1.0 和 M1.1，M1.0 为第二台电动机的启动信号，M1.1 为第三台电动机的启动信号。按照逆序停止的要求，M0.1 为第三台电动机的停止信号，将 M0.1 分别延时 10s 和 20s 得到 M2.0 和 M2.1，M2.0 为第二台电动机的停止信号，M2.1 为第一台电动机的停止信号。主程序梯形图如图 9-16 所示。

程序段1：……
注释

```
%M10.0                                    %M0.0
"FirstScan"                               "标志位1"
───┤ ├─────────────────────────────────( RESET_BF )
                                              24

                                          %Q0.0
                                          "电源线圈1"
                                         ( RESET_BF )
                                              9
```

程序段2：……
注释

```
%I0.1                                     %M0.1
"启动按钮"                                "标志位2"
───┤ ├─────────────────────────────────────( R )

                                          %M0.0
                                          "标志位1"
                                         ─( S )─
```

程序段3：……
注释

```
%I0.2                                     %M0.0
"停止按钮"                                "标志位1"
───┤ ├─────────────────────────────────────( R )

                                          %M0.1
                                          "标志位2"
                                         ─( S )─
```

图 9-16　主程序梯形图

程序段4：……
注释

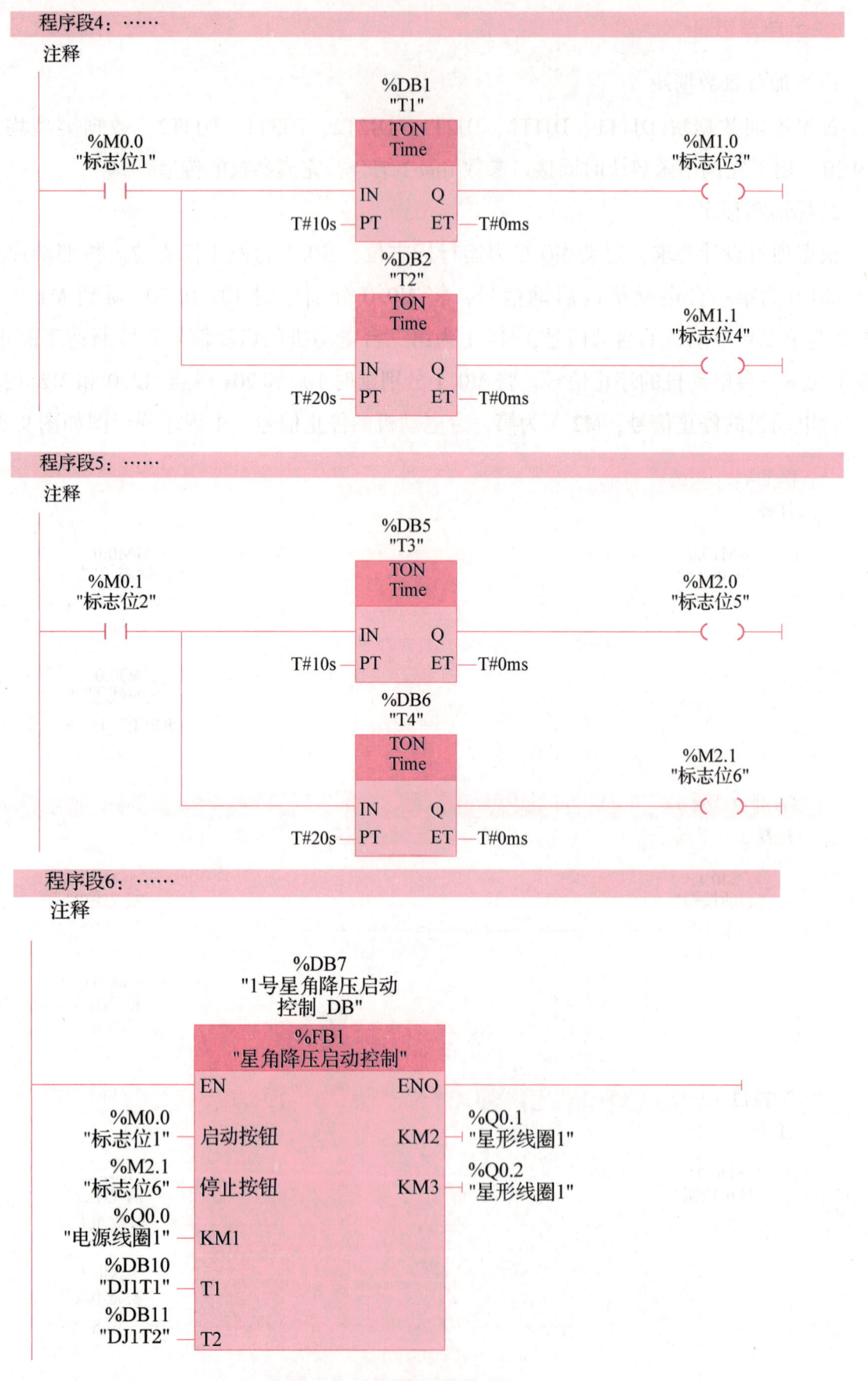

```
        %M0.0                    %DB1                        %M1.0
       "标志位1"                   "T1"                       "标志位3"
         ─┤├─────────────────┬──[TON Time]──────────────────────( )─
                             │    IN    Q
                             │  T#10s PT ET ─ T#0ms
                             │
                             │       %DB2                      %M1.1
                             │       "T2"                     "标志位4"
                             └──[TON Time]──────────────────────( )─
                                  IN    Q
                                T#20s PT ET ─ T#0ms
```

程序段5：……
注释

```
        %M0.1                    %DB5                        %M2.0
       "标志位2"                   "T3"                       "标志位5"
         ─┤├─────────────────┬──[TON Time]──────────────────────( )─
                             │    IN    Q
                             │  T#10s PT ET ─ T#0ms
                             │
                             │       %DB6                      %M2.1
                             │       "T4"                     "标志位6"
                             └──[TON Time]──────────────────────( )─
                                  IN    Q
                                T#20s PT ET ─ T#0ms
```

程序段6：……
注释

```
                            %DB7
                       "1号星角降压启动
                          控制_DB"
                            %FB1
                       "星角降压启动控制"
                    ┌─EN              ENO ──
     %M0.0          │
    "标志位1" ──────┤启动按钮         KM2├── %Q0.1
     %M2.1          │                    "星形线圈1"
    "标志位6" ──────┤停止按钮         KM3├── %Q0.2
     %Q0.0          │                    "星形线圈1"
   "电源线圈1"─────┤KM1
     %DB10          │
    "DJ1T1"  ──────┤T1
     %DB11          │
    "DJ1T2"  ──────┤T2
```

图 9-16　主程序梯形图(续)

程序段7：……
注释

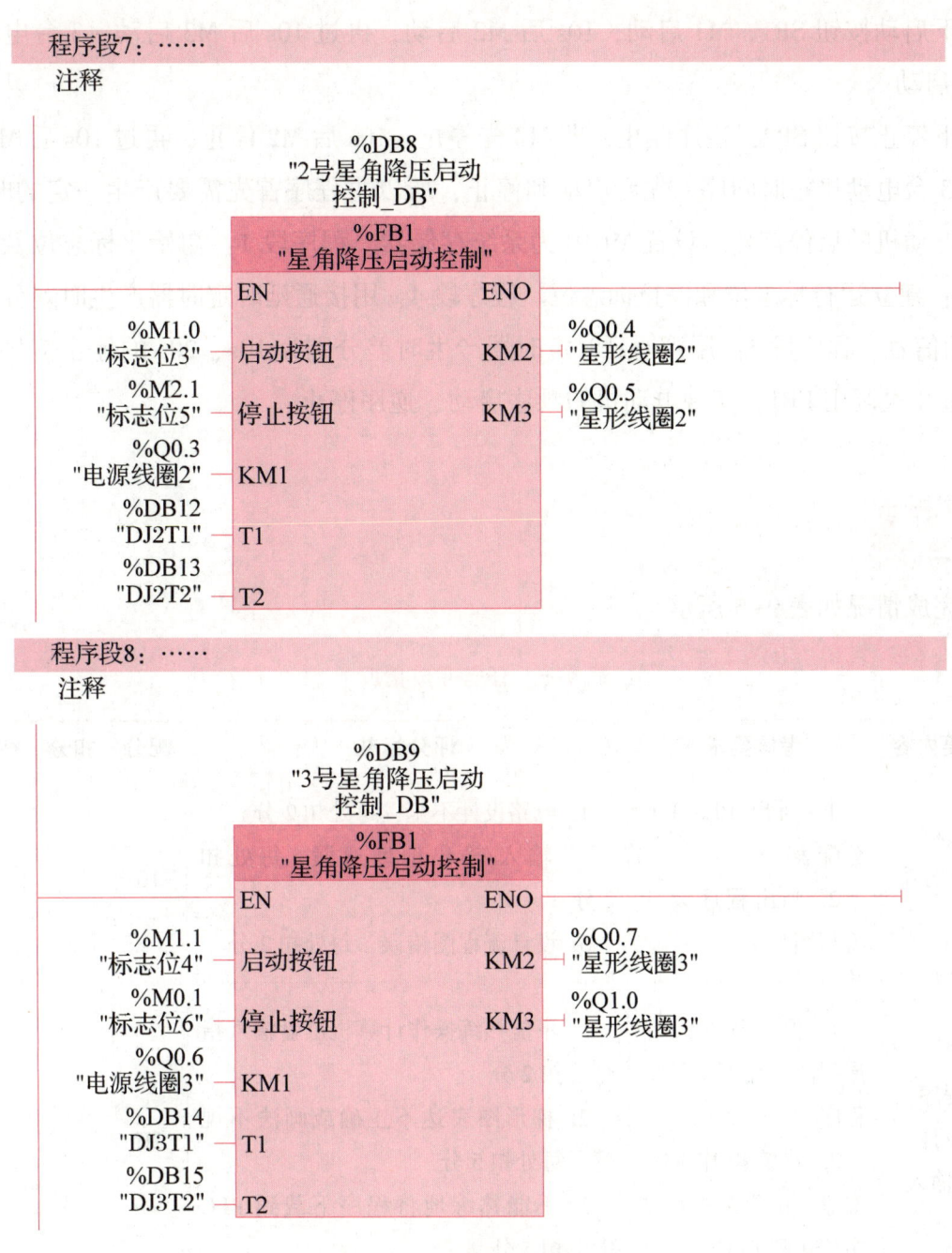

```
                    %DB8
              "2号星角降压启动
                  控制_DB"
                  %FB1
              "星角降压启动控制"
              EN          ENO
  %M1.0
  "标志位3"  —启动按钮      KM2— %Q0.4
                                "星形线圈2"
  %M2.1
  "标志位5"  —停止按钮      KM3— %Q0.5
                                "星形线圈2"
  %Q0.3
  "电源线圈2" —KM1
  %DB12
  "DJ2T1"   —T1
  %DB13
  "DJ2T2"   —T2
```

程序段8：……
注释

```
                    %DB9
              "3号星角降压启动
                  控制_DB"
                  %FB1
              "星角降压启动控制"
              EN          ENO
  %M1.1
  "标志位4"  —启动按钮      KM2— %Q0.7
                                "星形线圈3"
  %M0.1
  "标志位6"  —停止按钮      KM3— %Q1.0
                                "星形线圈3"
  %Q0.6
  "电源线圈3" —KM1
  %DB14
  "DJ3T1"   —T1
  %DB15
  "DJ3T2"   —T2
```

图 9-16　主程序梯形图(续)

六、实训步骤

（1）将 PLC 主机上的电源开关断开，按照图 9-13 所示电路接线图进行 PLC 输入、输出端的电路连接，注意 24V 电源的正、负极不要短接，以防止电路短路，损坏 PLC 触点。

（2）接通 PLC 主机上的电源开关，将 PLC 串口置于 STOP 状态，将 STEP 软件中的控制程序下载到 PLC 中，下载完毕后，将 PLC 置于 RUN 状态。

（3）接通自动送料装车控制模块电源，具体操作步骤如下。

143

①按下启动按钮 SB1，M1 启动，10s 后 M2 启动，再过 10s 后 M3 启动。3 台电动机实现 Y-△降压启动。

②按下停止按钮 SB2，逆序停止，即 M3 先停止，10s 后 M2 停止，再过 10s 后 M1 停止。

由于 3 台电动机按时间序列先后启动和停止，所以主程序首先需要产生一定的时序信号，作为 3 台电动机的启停信号。设置 MB10 为系统存储器。程序段 1：初始化标志位及输出。程序段 2、3：建立运行标志位和停止标志位。程序段 4：用接通延时定时器产生时差分别为 10s、20s 的启动信号。程序段 5：用接通延时定时器产生时差分别为 10s、20s 的停止信号。程序段 6~8：通过 3 次调用 FB1，实现电动机的顺序启动、逆序停止。

项目评价

任务完成情况如表 9-5 所示。

表 9-5 任务完成情况

项目	主要内容	考核要求	评分标准	配分	扣分	得分	小计
任务完成情况	I/O 分配	1. 列出 PLC I/O 分配表 2. 画出程序设计流程图	1. 电路设计不全，每处扣 2 分 2. 输入/输出地址遗漏，每处扣 2 分 3. 设计流程图错误，每处扣 2 分	10			
	程序设计及输入	1. 根据程序设计流程图，编写梯形图程序 2. 熟练操作 PLC 键盘，正确将所编程序传送到 PLC	1. 不能熟练操作计算机键盘输入指令，扣 2 分 2. 梯形图表达不正确或画法不规范，每处扣 5 分 3. 不能熟练地将程序下载到 PLC 中，扣 5 分	30			
	布线工艺	按工艺要求用导线将输入、输出元器件连接起来（采用线槽、软线连接）	1. 布线不符合要求，每根扣 2 分 2. 接点不符合要求，每点扣 2 分 3. 损伤导线绝缘，每根扣 5 分 4. 漏套或错套编码套管，每个扣 1 分	20			
	运行调试	按被控设备的动作要求进行调试，达到控制要求	1. 一次试车不成功，扣 5 分 2. 不能进行程序调试，扣 1~5 分 3. 不能达到控制要求，扣 1~10 分	20			

续表

项目	主要内容	考核要求	评分标准	配分	扣分	得分	小计
综合能力	职业素养	学习主动性	1. 学习主动性差，学习准备不充分，扣2分	10			
		团队沟通合作	2. 团队合作意识差，缺乏协作精神，扣2分				
		语言表达	3. 语言表达不规范，扣2分				
		工作效率	4. 时间观念不强，工作效率低，扣2分				
		工作质量	5. 不注重工作质量与工作成本，扣2分				
	安全文明生产	安全生产规程操作	1. 安全意识差，不按安全生产规程操作，扣10分	10			
		劳动保护用品	2. 劳动保护用品穿戴不整齐，扣10分				
		清理工作现场	3. 施工后不清理现场，扣5分				
定额时间		15min，每超时5min扣5分					
备注		除定额时间外，各项目的最高扣分不应超过配分数		合计		100	
开始时间			结束时间		实际用时		

> 知识扩展

函数与函数块的区别

函数与函数块均为用户编写的子程序，接口区中均有Input、Output、InOut参数和Temp数据。函数的返回值实际上属于输出参数。下面是函数与函数块的区别。

(1) 函数没有背景数据块，函数块有背景数据块。

(2) 只能在函数内部访问它的局部变量，其他代码块或人机界面可以访问函数块的背景数据块中的变量。

(3) 函数没有静态变量，函数块有保存在背景数据块中的静态变量。

函数如果有执行完后需要保存的数据，只能用全局数据区（如全局背景数据块和M区）来保存，但这样会影响函数的可移植性。如果程序块的内部使用了全局变量，在移植时需要重新统一分配所有程序块内部使用的全局变量的地址，以保证不会出现地址冲突。当程序很复杂，程序块很多时，这种重新分配全局变量地址的工作量非常大，也很容易出错。

145

如果函数或函数块的内部不使用全局变量，只使用局部变量，则不需要做任何修改就可以将程序块移植到其他项目中。

如果程序块有执行完后需要保存的数据，显然应使用函数块而不是函数。

(4) 函数块的局部变量(不包括 Temp)有默认值(初始值)，函数的局部变量没有默认值。在调用函数块时可以不设置某些有默认值的输入、输出参数的实参。在这种情况下，使用这些参数在背景数据块中的启动值，或使用上一次执行后的参数值。这样可以简化调用函数块的操作。调用函数时应给所有形参指定实参。

(5) 函数块的输出参数值不仅与来自外部的输入参数有关，还与静态数据保存的内部状态数据有关。因为函数没有静态数据，所以相同的输入参数产生相同的执行结果。

技能拓展

一、内容与要求

设计控制程序，实现两台电动机及风扇的控制，以及超速报警功能，要求按下启动按钮，电动机及风扇立即得电运行；按下停止按钮，电动机立即停止，风扇延时 8s，等电动机冷却后再停止。当转速超过额定值(1 000r/min)时，报警灯亮。

1. 生成函数块 FB1

打开项目树，双击"添加新块"命令，在打开的对话框中单击"函数块"按钮，函数块的默认编号为 1，语言为 LAD。设置函数块的名称为"电动机控制"，单击"确认"按钮，自动生成函数块 FB1，如图 9-17 所示。

2. 生成局部变量

函数块的局部变量中有输入参数(Input)、输出参数(Output)、输入/输出参数(InOut)和临时参数(Temp)，除此之外，还有静态参数(Static)。

背景数据块中的变量其实就是函数块中的输入参数、输出参数、输入/输出参数和静态参数。函数块的数据永久地保存在它的背景数据块中，在函数块执行完毕后不会丢失，以供下次执行时使用。其他程序块可以访问背景数据块中的数据，但不能直接删除和修改背景数据块中的数据。

注意，在接口参数中，有一个静态参数速度设定值，数据类型为 UInt，其初始值为 1 000，对应题目中设定的转速，还有一个输入/输出参数 TIMERDB，数据类型为 IEC_TIMER，作为定时器的背景数据块，如图 9-18 所示。

图 9-17　生成函数块 FB1

		名称	数据类型	默认值	保持
1	◀■	▼ Input			
2	◀■	■ 启动按钮	Bool	false	非保持
3	◀■	■ 停止按钮	Bool	false	非保持
4	◀■	■ 定时时间	Time	T#0ms	非保持
5	◀■	■ 电动机速度	UInt	0	非保持
6	◀■	▼ Output			
7	◀■	■ 风扇	Bool	false	非保持
8	◀■	■ 报警灯	Bool	false	非保持
9	◀■	▼ InOut			
10	◀■	■ 电动机	Bool	false	非保持
11	◀■	▶ T1	IEC_TIMER		
12	◀■	▼ Static			
13	◀■	■ 速度设定值	UInt	1000	非保持

图 9-18　接口参数的定义

147

二、I/O 分配表及数据变量定义表

I/O 分配表和数据变量定义表如表 9-6 及表 9-7 所示。

表 9-6　I/O 分配表

类别	名称	数据类型	地址	功能
输入端	电动机 1 启动按钮	Bool	I0.1	启动电动机 1
	电动机 1 停止按钮	Bool	I0.2	停止电动机 1
	电动机 2 启动按钮	Bool	I0.3	启动电动机 2
	电动机 2 停止按钮	Bool	I0.4	停止电动机 2
输出端	电动机 1	Bool	Q0.1	电动机 1 运行
	风扇 1	Bool	Q0.2	风扇 1 运行
	报警灯 1	Bool	Q0.3	报警灯 1 亮
	电动机 2	Bool	Q0.4	电动机 2 运行
	风扇 2	Bool	M0.5	风扇 2 运行
	报警灯 2	Bool	M0.6	报警灯 2 亮

表 9-7　数据变量定义

类别	名称	数据类型	偏移量	设定值
数据块[DB3]	电动机 1 速度设定值	UInt	—	900
数据块[DB4]	电动机 2 速度设定值	UInt	—	1 100

三、程序编写与调试

1. 编写 FB1 梯形图程序

FB1 梯形图程序如图 9-19 所示，梯形图程序中包括"启—保—停"控制网络，接电动机输出端，风扇输出端在"启—保—停"控制网络的基础上加断开延时定时器，定时时间取决于来自主程序的实际参数，定时器的背景数据块采用数据类型为 IEC_TIMER 的输入/输出参数，电动机速度的比较采用数据类型为 UInt 的关系比较指令完成。

程序段1：……
注释

```
  #启动按钮    #停止按钮                                        #电动机
───┤ ├─────────┤/├──────┬──────────────────────────────────( )───
  #电动机              │         #T1
───┤ ├───┐            │         TOF
         │            │         Time
         │            ├────────┤IN     Q├──────────────────( )─── #风扇
         │            │        │        │
         │  #定时时间 │        │        │
         │────────────┤PT    ET├── …
         │
         │  #电动机速度                                      #报警灯
         │  ┌──>=──┐                                         ( )
         └──┤ UInt ├───────────────────────────────────────
            └──────┘
            #速度设定值
```

图 9-19　FB1 梯形图程序

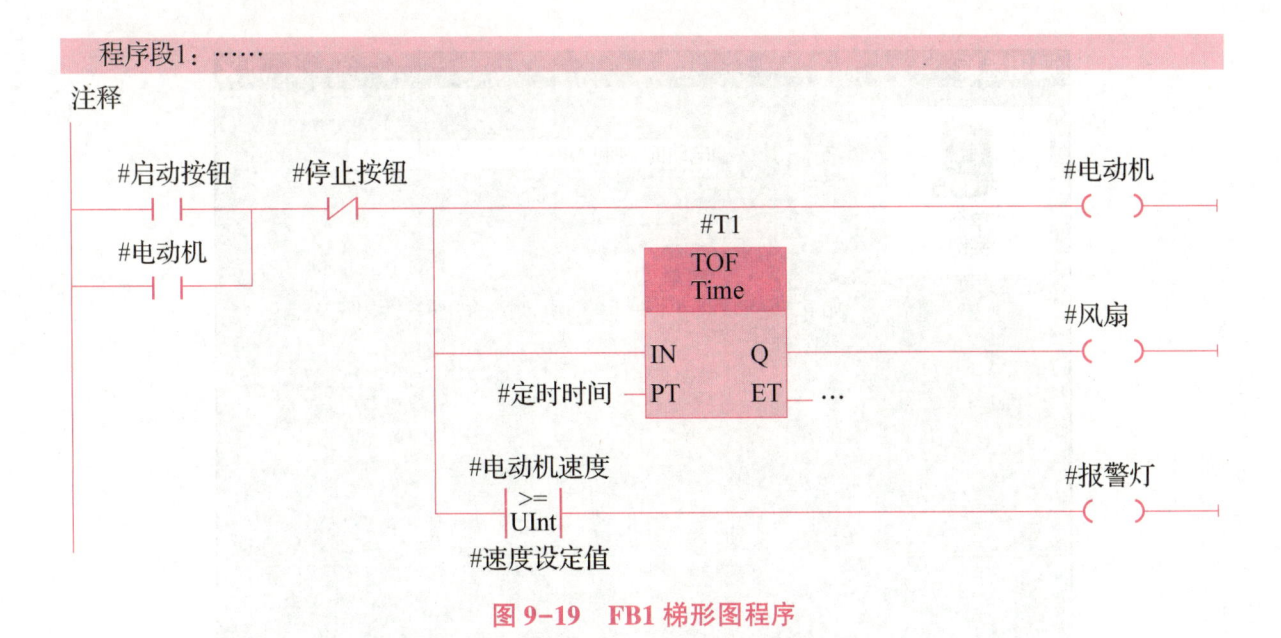

2. 在 OB1 中调用 FB1

1）定义两个数据块

添加两个数据块，命名为"电动机 1 号"（DB1）、"电动机 2 号"（DB2），如图 9-20 所示，数据类型为 IEC_TIMER。生成的数据块在系统块中如图 9-21 所示。

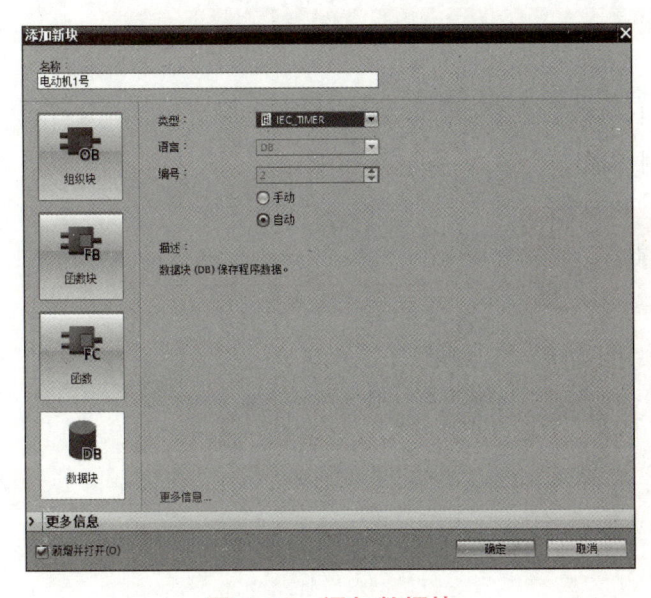

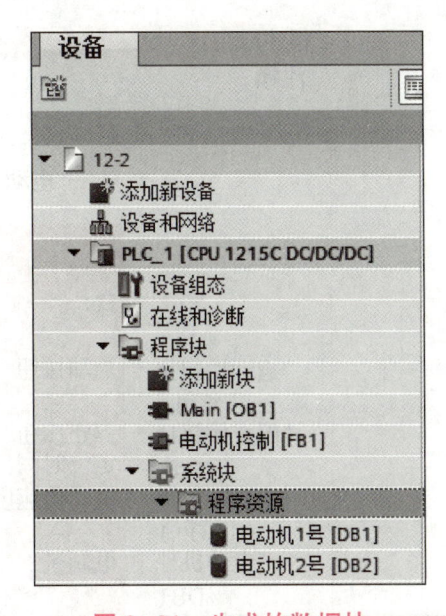

图 9-20　添加数据块　　　　　图 9-21　生成的数据块

2）梯形图程序

在 OB1 中，两次调用 FB1，在调用时需要输入 FB1 的背景数据块 DB3、DB4（图 9-22），并给接口参数赋数据类型一致的实际值，完成参数的传递。

149

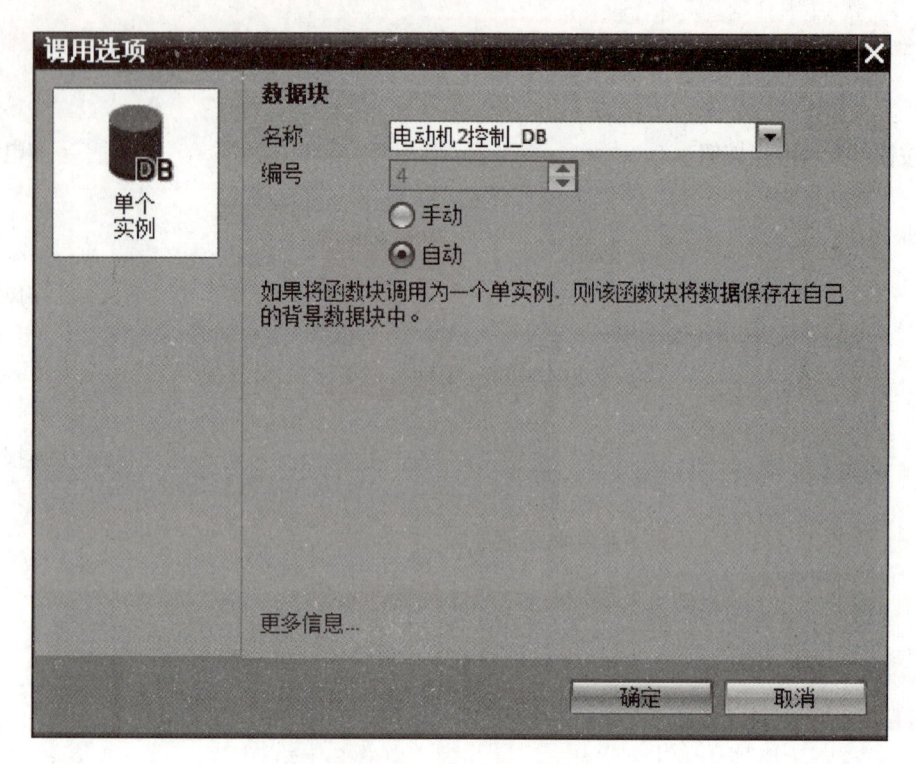

图9-22　添加数据块

OB1梯形图程序如图9-23所示。

程序段1：……
注释

```
                    %DB3
                "电动机1控制_DB"
                ┌─────────────────┐
                │      %FB1       │
                │   "电动机控制"   │
                ├─────────────────┤
          ──────┤EN           ENO├──────
   %I0.1        │                 │        %Q0.2
 "启动按钮1"────┤启动按钮   风扇 ├────"风扇"
   %I0.2        │                 │        %Q0.3
 "停止按钮1"────┤停止按钮  报警灯├────"报警灯1"
     T#8s ─────┤定位时间         │
      900 ─────┤电动机速度       │
    %Q0.1       │                 │
  "电动机1"────┤电动机           │
    %DB1        │                 │
  "电动机1号"──┤T1               │
                └─────────────────┘
```

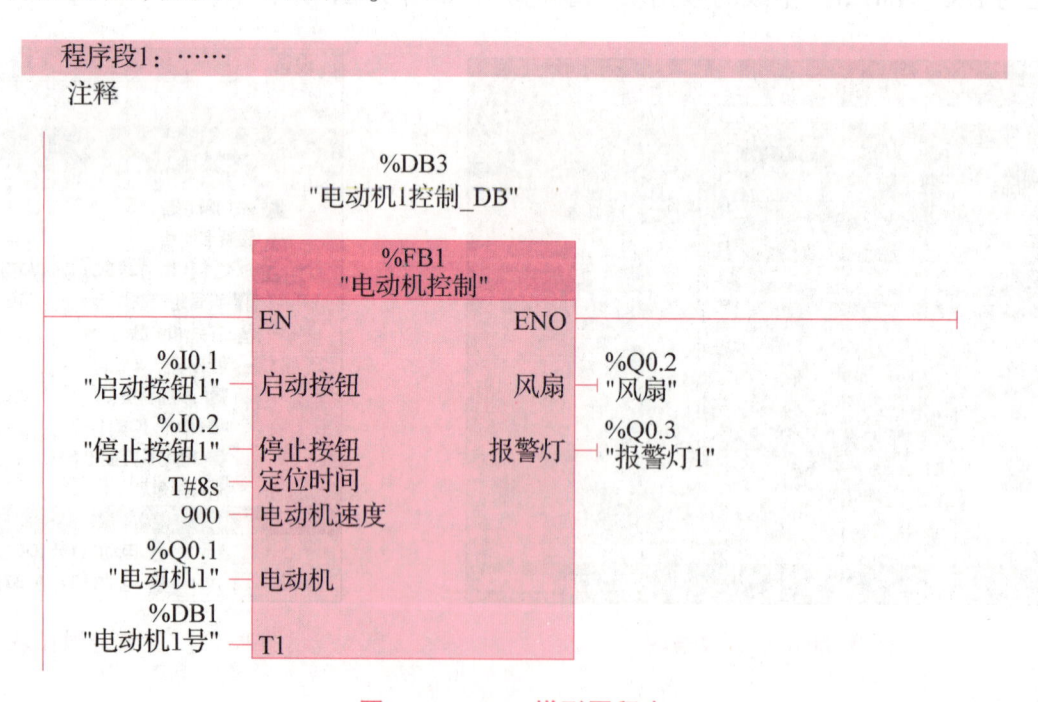

图9-23　OB1梯形图程序

项目九 自动送料装车控制

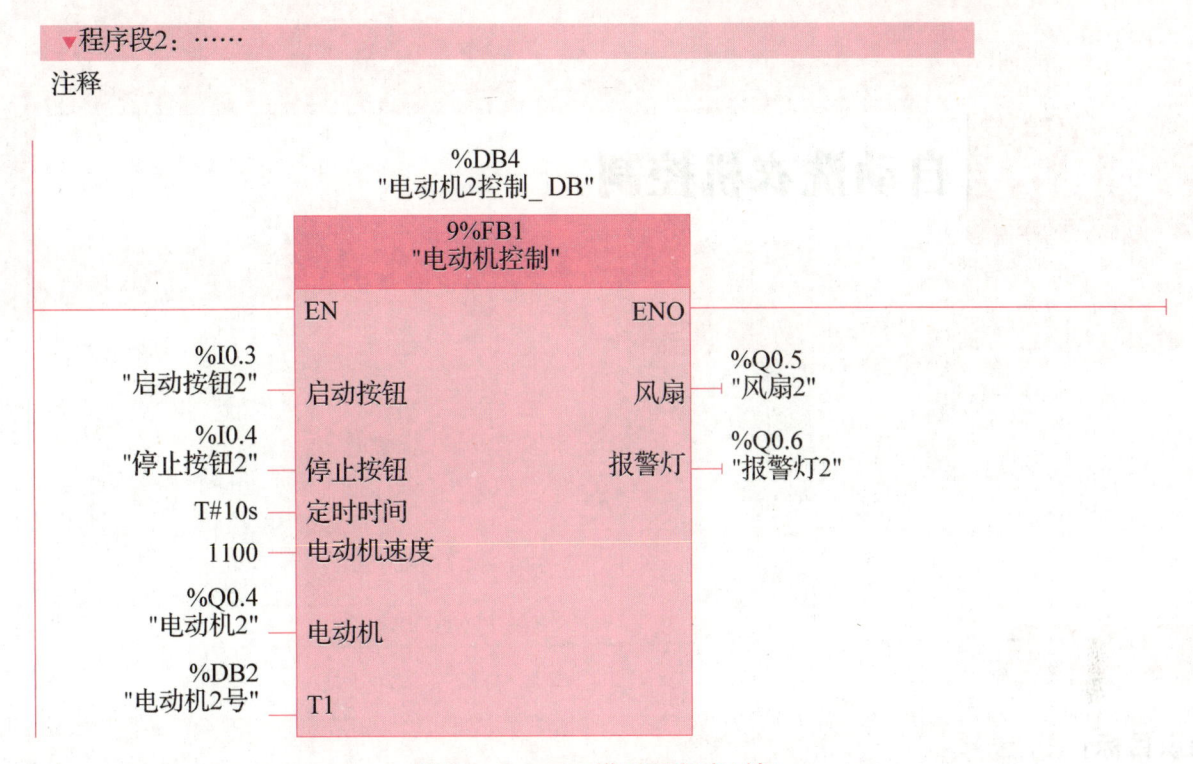

▼程序段2：……
注释

```
                    %DB4
                 "电动机2控制_DB"
              ┌─────────────────────┐
              │        9%FB1        │
              │      "电动机控制"    │
              ├──────┬──────────────┤
              │ EN   │         ENO  │
  %I0.3       │      │              │   %Q0.5
"启动按钮2"───┤启动按钮│         风扇 ├── "风扇2"
  %I0.4       │      │              │   %Q0.6
"停止按钮2"───┤停止按钮│         报警灯├── "报警灯2"
  T#10s       │定时时间│             │
  1100        │电动机速度│            │
  %Q0.4       │      │              │
 "电动机2" ───┤电动机 │              │
  %DB2        │      │              │
"电动机2号"───┤ T1    │              │
              └──────┴──────────────┘
```

图9-23 OB1梯形图程序（续）

项目总结

　　在本项目中读者第一次接触结构化编程，它是将复杂自动化任务分割成与过程工艺功能相对应或可重复使用的更小的子任务，这样更易于对这些复杂任务进行处理和管理。这些子任务在用户程序中以程序块表示。每个程序块可重复调用，方便移植使用。随着项目的程序越来越复杂，编程的工作量越来越大，结构化编程方式的优势更加明显，它的易读性、可复用性可以提高工作效率。

项目十 自动洗衣机控制

项目目标

知识目标：
(1) 理解比较域指令的功能及应用；
(2) 掌握自动洗衣机控制程序的动作过程。

能力目标：
(1) 具备熟练应用比较域指令等基本指令编写控制程序的能力；
(2) 具备编写自动洗衣机控制程序的能力。

素质目标：
(1) 通过单元模块按钮的规范操作，培养学生的岗位意识；
(2) 通过小组协作，培养学生的自主学习能力。

项目背景

随着人民生活水平的不断提升和各类自动化家用电器的发明，出现了具有记忆功能的程序控制器和可编程多功能自动控制洗衣机，其中的控制程序正逐渐代替机械定时器控制整个过程的完成，从而进一步减少用户的操作。在功能方面，自动洗衣机逐渐向综合功能的方向发展，即一机兼有洗衣、脱水、烘干等功能。

自动洗衣机一般由洗衣脱水桶、控制板、给水排水系统和动力部分组成。自动洗衣机的洗衣和脱水过程都在单一的洗衣脱水桶内完成，其底部有一个胶质叶轮，由交流电动机驱动。

周壁有孔的洗衣脱水桶可以高速旋转，起到脱水作用。控制板设有电源开关、水位设定开关、洗衣程序开关等，用来控制自动洗衣机的启、停和水位，选择不同的洗衣程序。给水排水系统注入清水和排出浊水。动力部分包括电源、一台两相交流电动机和刹车装置。有些自动洗衣机装有水加热器，以提高洗衣效果，有的自动洗衣机还装有用于烘干的热风机。

人生启迪

党的十九大报告指出，坚持人与自然和谐共生。必须树立和践行"绿水青山就是金山银山"的理念，坚持节约资源和保护环境的基本国策。党的二十大报告指出，中国式现代化是人与自然和谐共生的现代化。人与自然是生命共同体，无止境地向自然索取甚至破坏自然必然会遭到大自然的报复。我们坚持可持续发展，坚持节约优先、保护优先、自然恢复为主的方针，像保护眼睛一样保护自然和生态环境，坚定不移地走生产发展、生活富裕、生态良好的文明发展道路，实现中华民族永续发展。

水乃万物之母、生存之本、文明之源。节约用水，要从身边的每一件小事做起，从生活中的点点滴滴做起。为了加强节约用水意识，养成节约用水习惯，践行节约用水倡议，同学们应增强节水意识，养成良好的用水习惯，提高用水效率，保护水资源，争当节水的先行者、宣传者、倡导者、践行者，把节水意识内化于心，外化于行。

项目引入

自动洗衣机的特点是能自动完成洗衣、漂洗和脱水的转换，整个过程不需要人工操作。自动洗衣机均采用套筒式结构，其进水、排水都采用电磁阀控制，由程序控制器按人们预先设计的程序不断发出指令，驱动各执行器件动作，整个洗衣过程自动完成。自动洗衣机控制系统由电动机及传动系统、进水和排水系统、水位检测系统、加热温控系统、洗衣脱水系统组成。其结构示意如图10-1所示。

控制要求如下：

按下启动按钮，首先进水，到高水位后时停止进水，根据洗衣模式选择，水温加热达到30~50℃后，开始洗涤。正转洗涤15s，暂停3s后反转洗涤15s，暂停后再正转洗涤，如此反复20次。完成洗衣机过程后自动停机。

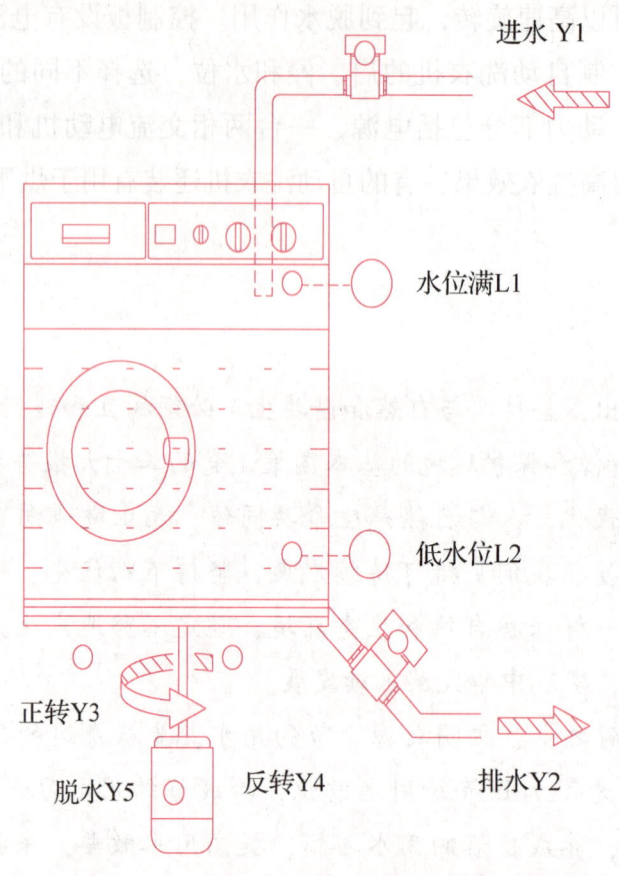

进水 Y1
水位满L1
低水位L2
正转Y3
脱水Y5　反转Y4　排水Y2

图 10-1　自动洗衣机控制系统结构示意

项目分析

自动洗衣机正反转洗衣主要由交流电动机的正反转控制，并且整个工作过程都是按固定的流程进行的，如图 10-2 所示。因此，可以采用顺序控制实现自动洗衣机控制。本项目重点使用 IN_RANG 范围内值与 OUT_RANG 范围外值指令。

一、确定电动机 M 的启动与停机条件

（1）电动机 M 的启动条件：满足水筒内低水位和高水位传感器都有信号，同时水温应加热为 30~50℃。

（2）电动机 M 的停机条件：按下停止按钮或完成洗衣所设定的要求。

二、确定进入电磁阀的通电与断电条件

（1）进水电磁阀 Y 的通电条件：水筒内水位低于下限。

（2）进水电磁阀 Y 的断电条件：水筒内水位高于上限。

（3）在系统启动时，只要水筒内水位未到上限，就应接通进水电磁阀 Y 进水，直至水筒内水位到达上限才断开进水电磁阀 Y，停止进水。

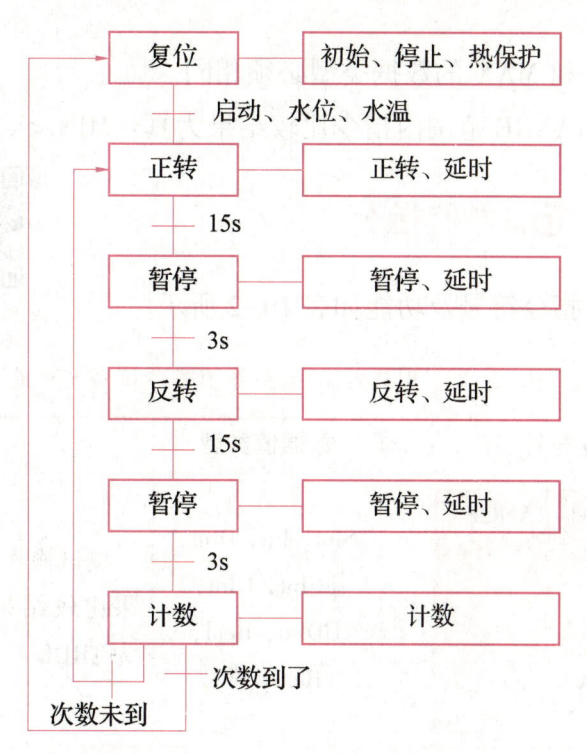

图 10-2　自动洗衣机控制流程

知识储备

一、IN_RANG 范围内值指令

IN_RANG 范围内值指令，使用输入 MIN 和 MAX 可以指定取值范围的限值。该指令将输入 VAL 的值与输入 MIN 和 MAX 的值进行比较，并将结果发送到功能框中输出。如果输入 VAL 的值满足 MIN <= VAL 或 VAL <= MAX 的比较条件，则功能框输出的信号状态为"1"。如果不满足比较条件，则功能框输出的信号状态为"0"。

如果功能框输入的信号状态为"0"，则不执行 IN_RANG 范围内值指令。只有待比较值的数据类型相同且互连了功能框输入时，才能执行该比较功能。IN_RANG 范围内值指令符号及功能如表 10-1 所示。

表 10-1　IN_RANG 范围内值指令符号及功能

基本指令	指令符号	数据值类型	指令功能
范围内值	IN_RANGE ??? <???> — MIN <???> — VAL <???> — MAX	SInt，Int，DInt，USInt，UInt，UDInt，Real，LReal，常数	测试输入值是在指定的值范围内。如果比较结果为 TRUE，则功能框输出为 TRUE

输入参数 MIN、VAL 和 MAX 的数据类型必须相同。

满足以下条件时 IN_RANGE 范围内指令比较结果为真：MIN <= VAL <= MAX。

二、OUT_RANG 范围外值指令

OUT_RANG 范围外值指令符号及功能如表 10-2 所示。

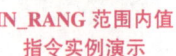

表 10-2　OUT_RANG 范围外值指令符号及功能

基本指令	指令符号	数据值类型	指令功能
范围外值	OUT_RANGE ??? <???>— MIN <???>— VAL <???>— MAX	SInt、Int、DInt、USInt、UInt、UDInt、Real、LReal、常数	测试输入值是在指定的值范围外。如果比较结果为 TRUE，则功能框输出为 TRUE

输入参数 MIN、VAL 和 MAX 的数据类型必须相同。

满足以下条件时 OUT_RANGE 范围外值指令比较结果为真：VAL < MIN 或 VAL > MAX。

项目实施

依据自动洗衣机控制系统的控制要求，完成编程与调试。

一、设备清单

设备清单如表 10-3 所示。

表 10-3　设备清单

序号	名称	规格	数量
1	计算机	配备至少 50GB 的存储空间	1
2	操作系统	Windows 10 操作系统（64 位）	1
3	S7-1200 CPU	CPU1215C	1
4	网线	—	1
5	编程软件	TIA 博途软件	1
6	自动洗衣机 PLC 控制模拟板	与 PLC 和电源匹配	1

二、I/O分配表

I/O分配表如表10-4所示。

表10-4　I/O分配表

类别	元件名称	数据类型	地址	功能
输入端	启动SB0	Bool	I0.0	启动设备
	停止SB1	Bool	I0.1	停止设备
	FR	Bool	I0.2	过载保护
	液位传感器SL1	Bool	I0.3	水位上限
	液位传感器SL2	Bool	I0.4	水位下限
输出端	KM1	Bool	Q0.0	电动机正转
	KM2	Bool	Q0.1	电动机反转
	KA1	Bool	Q0.2	进水电磁阀
	KA2	Bool	Q0.3	加热器
存储器位	初始步	Bool	M0.0	—
	第一步	Bool	M0.1	—
	第二步	Bool	M0.2	—
	第三步	Bool	M0.3	—
	第四步	Bool	M0.4	—
	第五步	Bool	M0.5	—
	"FirstScan"	Bool	M100.0	首次循环

三、数据变量定义表

数据变量定义表如表10-5所示。

表10-5　数据变量定义表

类别	名称	数据类型	偏移量	设定值
数据块[DB0]	当前温度	Real	—	0.0℃
	最低温度	Real	—	30.0℃
	最高温度	Real	—	50.0℃
系统块 程序资源	定时器T0	Time	—	15s
	定时器T1	Time	—	3s
	定时器T2	Time	—	15s
	定时器T3	Time	—	3s
	计数器C0	Int	—	20

四、PLC 硬件接线

根据任务分析，进行 PLC 硬件接线，如图 10-3 所示。

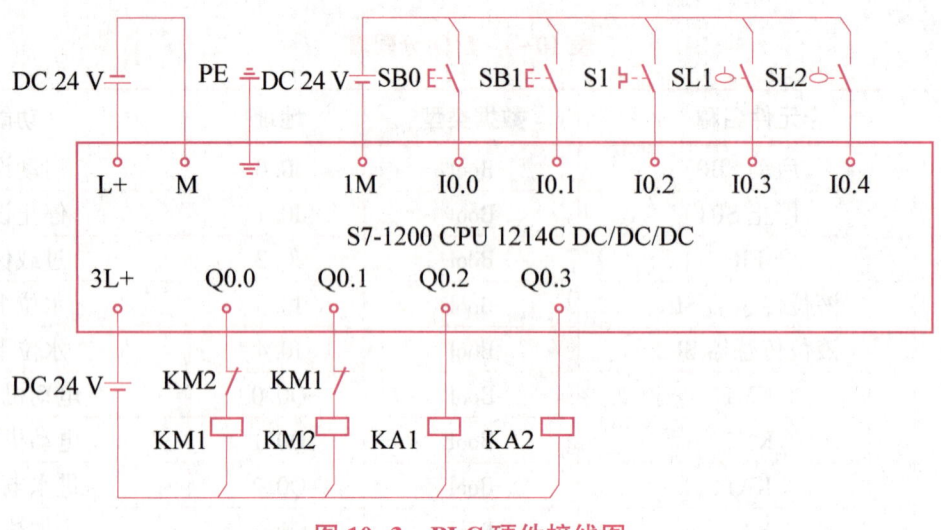

图 10-3 PLC 硬件接线图

五、顺序功能图

根据图 10-2 所示的控制流程可以画出自动洗衣机控制顺序功能图，如图 10-4 所示。本项目中，总共有 6 步，分别对应 6 个状态，每一步用一个位存储器表示（M0.0～M0.5）。M0.0 为起始步，系统初始化、控制停止和过载保护；M0.1 步为洗衣机正转；M0.2 步为正转暂停；M0.3 步为洗衣机反转；M0.4 步为反转暂停；M0.5 步为循环计数。

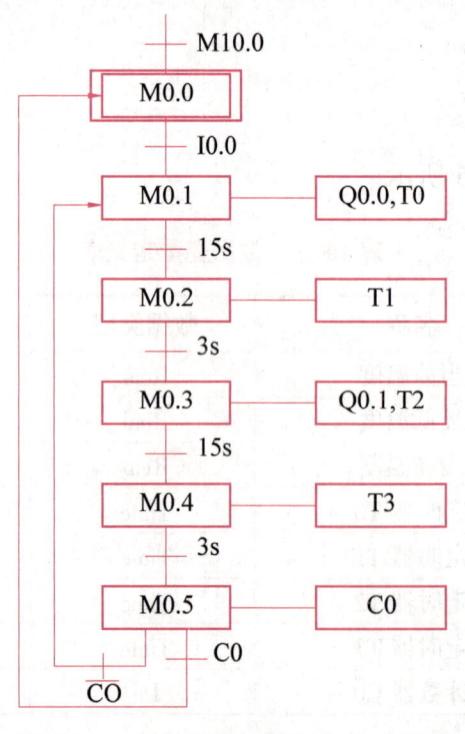

图 10-4 自动洗衣机控制顺序功能图

六、编写梯形图程序

自动洗衣机控制梯形图程序如图 10-5 所示。

程序段1：……
系统初始化、停止和过载保护功能。

```
%M100.0                                               %M0.0
"FirstScan"                                           "初始步"
───┤├───┬─────────────────────────────────────────────( S )───

  %I0.1  │                                            %M0.1
 "停止SB" │                                           "第一步"
───┤├───┤                                          ─(RESET_BF)─
        │                                                5
  %I0.2 │
"过载保护FR"│
───┤├───┘
```

程序段2：……
系统启动，按下启动按钮，激活M0.1步。

```
 %M0.0      %I0.0                                     %M0.1
"初始步"   "启动SB"                                   "第一步"
───┤├───────┤├───┬────────────────────────────────────( S )───
                │
                │                                     %M0.0
                │                                    "初始步"
                └────────────────────────────────────( R )───
```

程序段3：……
M0.1步被激活并计时15s，当洗衣机正转洗涤15s后，转移到M0.2步。

```
                    %DB2
                    "T0"
  %M0.4            ┌──────┐                           %M0.2
 "第四步"          │ TOF  │                          "第二步"
                   │ Time │
───┤├──────────────┤IN   Q├──┬────────────────────────( S )───
         T#15s ────┤PT  ET├── T#0ms
                   └──────┘  │                        %M0.1
                             │                       "第一步"
                             └────────────────────────( R )───
```

图 10-5 自动洗衣机控制梯形图程序

程序段4：……

正转停止后暂停3s，激活M0.3步。

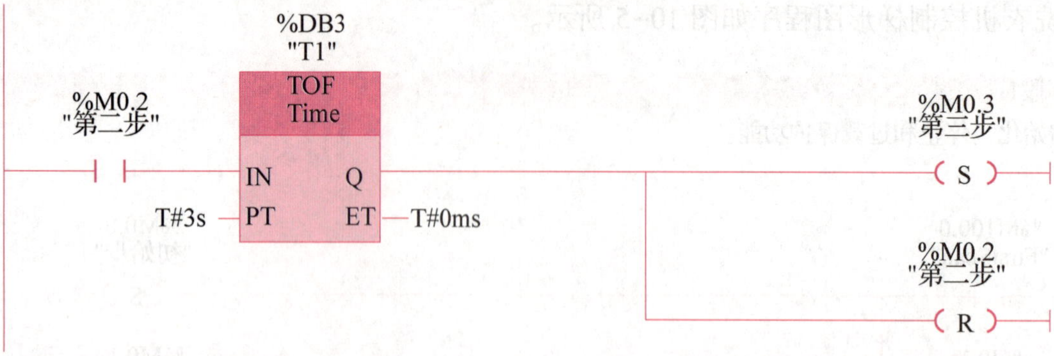

```
                    %DB3
                    "T1"
                     TOF
    %M0.2           Time                              %M0.3
   "第二步"                                           "第三步"
     ┤├──────────┤IN       Q├───────────────────────────( S )
                  │          │
            T#3s ─┤PT      ET├─ T#0ms                   %M0.2
                                                       "第二步"
                                                        ( R )
```

程序段5：……

M0.3步：洗衣机反转洗涤，并计时15s。

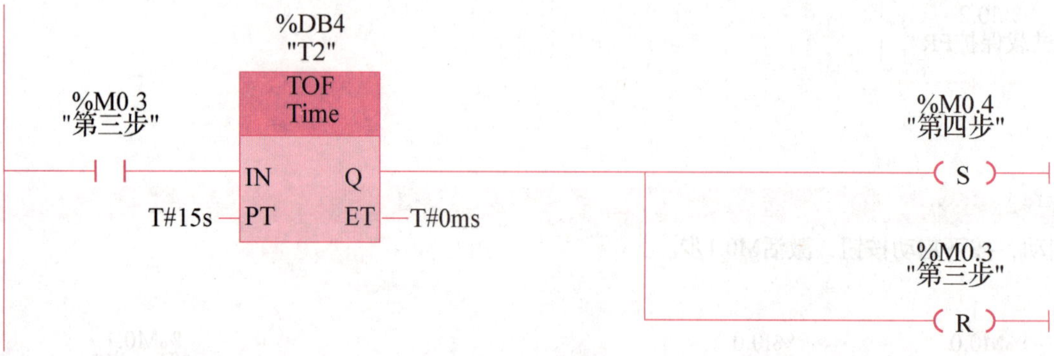

```
                    %DB4
                    "T2"
                     TOF
    %M0.3           Time                              %M0.4
   "第三步"                                           "第四步"
     ┤├──────────┤IN       Q├───────────────────────────( S )
                  │          │
           T#15s ─┤PT      ET├─ T#0ms                   %M0.3
                                                       "第三步"
                                                        ( R )
```

程序段6：……

反转停止后暂停3s，激活M0.5步。

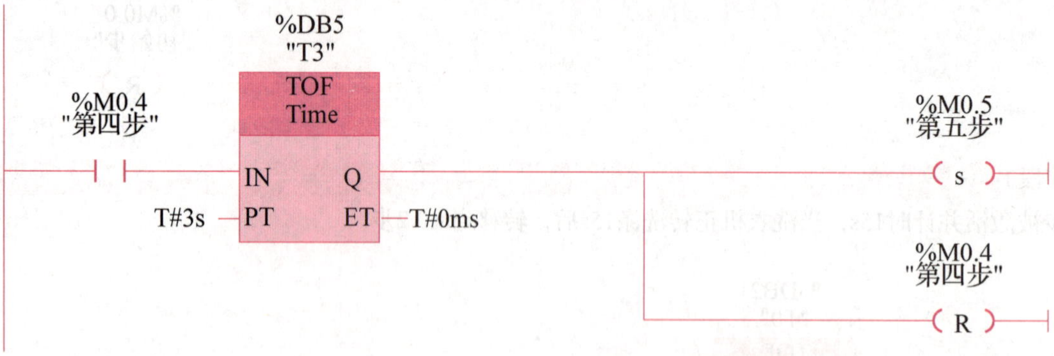

```
                    %DB5
                    "T3"
                     TOF
    %M0.4           Time                              %M0.5
   "第四步"                                           "第五步"
     ┤├──────────┤IN       Q├───────────────────────────( S )
                  │          │
            T#3s ─┤PT      ET├─ T#0ms                   %M0.4
                                                       "第四步"
                                                        ( R )
```

图10-5　自动洗衣机控制梯形图程序（续）

程序段7：……

M0.5步被激活，计数器计数1次。

```
                              %DB6
                              "C0"
  %M0.5                       CTU
  "第五步"                      Int
    ┤├───────────────────────CU    Q───
                                   CV──0
  %I0.1
  "停止SB"
    ┤├──────────┬────────────R
                │                
  %M100.0       │            20─PV
  "FirstScan"   │
    ┤├──────────┘
```

程序段8：……

▼ 当计数次数未到时，继续进行下反转循环洗衣过程，激活M0.1步进入下一个循环；当计数次数达到循环次数时，激活M0.0步，系统自动停止。

```
  %M0.5                                          %M0.0
  "第五步"     "C0".QU                             "初始步"
    ┤├─────────┤├──────┬─────────────────────────( S )

                       │                         %M0.5
                       │                         "第五步"
                       └─────────────────────────( R )

             "C0".QU                             %M0.1
                                                 "第一步"
              ┤/├─────┬─────────────────────────( S )

                       │                         %M0.5
                       │                         "第五步"
                       └─────────────────────────( R )
```

程序段9：……

注释

```
  %M0.0                                          %Q0.0
  "初始步"                                        "电动机正转"
    ┤├────────────────────────────────────────(RESET_BF)
                                                   4
```

图 10-5　自动洗衣机控制梯形图程序（续）

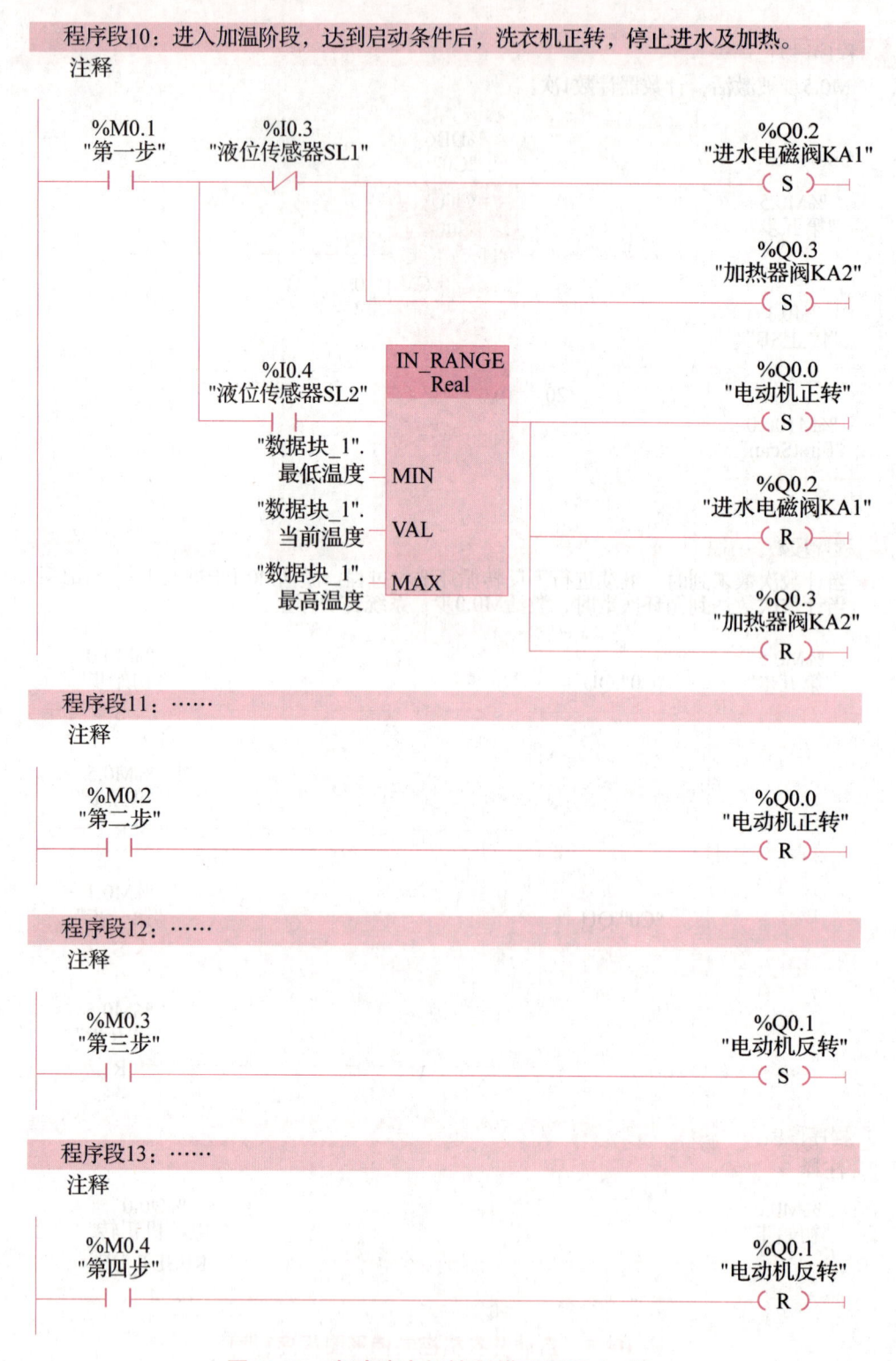

程序段10：进入加温阶段，达到启动条件后，洗衣机正转，停止进水及加热。
注释

```
  %M0.1        %I0.3                                              %Q0.2
 "第一步"   "液位传感器SL1"                                      "进水电磁阀KA1"
   ─┤├─────────┤/├──────────────────────────────────────────────────( S )─

                                                                    %Q0.3
                                                                 "加热器阀KA2"
                                                                    ( S )

                %I0.4      IN_RANGE                                 %Q0.0
           "液位传感器SL2"    Real                                 "电动机正转"
              ─┤├─────────┤     ├─────────────────────────────────────( S )

                          "数据块_1".
                            最低温度 ─ MIN                           %Q0.2
                                                                 "进水电磁阀KA1"
                          "数据块_1".                                ( R )
                            当前温度 ─ VAL

                          "数据块_1".                                %Q0.3
                            最高温度 ─ MAX                       "加热器阀KA2"
                                                                    ( R )
```

程序段11：……
注释

```
  %M0.2                                                            %Q0.0
 "第二步"                                                        "电动机正转"
   ─┤├──────────────────────────────────────────────────────────────( R )
```

程序段12：……
注释

```
  %M0.3                                                            %Q0.1
 "第三步"                                                        "电动机反转"
   ─┤├──────────────────────────────────────────────────────────────( S )
```

程序段13：……
注释

```
  %M0.4                                                            %Q0.1
 "第四步"                                                        "电动机反转"
   ─┤├──────────────────────────────────────────────────────────────( R )
```

图10-5　自动洗衣机控制梯形图程序(续)

七、实训步骤

（1）将PLC主机上的电源开关断开，按照图10-3所示PLC硬件接线图进行PLC输入、输出端的电路连接，注意24V电源的正、负极不要短接，以防止电路短路，损坏PLC触点。

（2）接通 PLC 主机上的电源开关，将 PLC 串口置于 STOP 状态，将 STEP 软件中的控制程序下载到 PLC 中，下载完毕后，将 PLC 置于 RUN 状态。

（3）接通自动洗衣机控制模块电源，具体操作步骤如下。

①按下启动按钮 SB1，首先进水，到高水位后时停止进水。

②根据洗衣模式，将水加热到 30~50℃ 后开始洗衣。

③正转洗衣 15s，暂停 3s 后反转洗衣 15s，暂停后再正转洗衣，如此反复 20 次。

④完成洗衣机过程后自动停机。

⑤按下停止按钮 SB2，自动洗衣机回到初始状态。

项目评价

任务完成情况如表 10-6 所示。

表 10-6　任务完成情况

项目	主要内容	考核要求	评分标准	配分	扣分	得分	小计
任务完成情况	I/O 分配	1. 列出 PLC I/O 分配表 2. 画出程序设计流程图	1. 电路设计不全，每处扣 2 分 2. 输入/输出地址遗漏，每处扣 2 分 3. 设计流程图错误，每处扣 2 分	10			
	程序设计及输入	1. 根据程序设计流程图，编写梯形图程序 2. 熟练操作 PLC 键盘，正确将所编程序传送到 PLC	1. 不能熟练操作计算机键盘输入指令，扣 2 分 2. 梯形图表达不正确或画法不规范，每处扣 5 分 3. 不能熟练地将程序下载到 PLC 中，扣 5 分	30			
	布线工艺	按工艺要求用导线将输入、输出元器件连接起来（采用线槽、软线连接）	1. 布线不符合要求，每根扣 2 分 2. 接点不符合要求，每点扣 2 分 3. 损伤导线绝缘，每根扣 5 分 4. 漏套或错套编码套管，每个扣 1 分	20			
	运行调试	按被控设备的动作要求进行调试，达到控制要求	1. 一次试车不成功，扣 5 分 2. 不能进行程序调试，扣 1~5 分 3. 不能达到控制要求，扣 1~10 分	20			

续表

项目	主要内容	考核要求	评分标准	配分	扣分	得分	小计
综合能力	职业素养	学习主动性	1. 学习主动性差，学习准备不充分，扣2分	10			
		团队沟通合作	2. 团队合作意识差，缺乏协作精神，扣2分				
		语言表达	3. 语言表达不规范，扣2分				
		工作效率	4. 时间观念不强，工作效率低，扣2分				
		工作质量	5. 不注重工作质量与工作成本，扣2分				
	安全文明生产	安全生产规程操作	1. 安全意识差，不按安全生产规程操作，扣10分	10			
		劳动保护用品	2. 劳动保护用品穿戴不整齐，扣10分				
		清理工作现场	3. 施工后不清理现场，扣5分				
定额时间		15min，每超时5min扣5分					
备注		除定额时间外，各项目的最高扣分不应超过配分数		合计	100		
开始时间		结束时间		实际用时			

知识扩展

系统和时钟存储器

在S7-1200 PLC中，在CPU属性中可以设置系统和时钟存储器，并可以修改系统和时钟存储器的字节地址。通过选择"设备组态"→"属性"→"常规"→"系统和时钟存储器"选项，可以进行相关的设置，如图10-6、图10-7所示。系统默认的系统存储器为MB1，时钟存储器为MB0。

系统存储器带有指定值，分配系统存储器参数时，需要指定用作系统存储器字节的CPU存储器字节。系统存储器的优点是可在用户程序中使用，例如，仅在启动后的第一个程序循环中运行程序段。系统存储器位要么为常数1，要么为常数0。

系统存储器字节提供了4个位，用户可以通过相应变量名称引用这个4个位。

(1)首次扫描(FirstScan)M1.0：在启动组织块完成后的第一个扫描周期内，该位置位为1，在之后的扫描周期复位为0(也就是从第二个扫描周期开始，该位复位为0)。

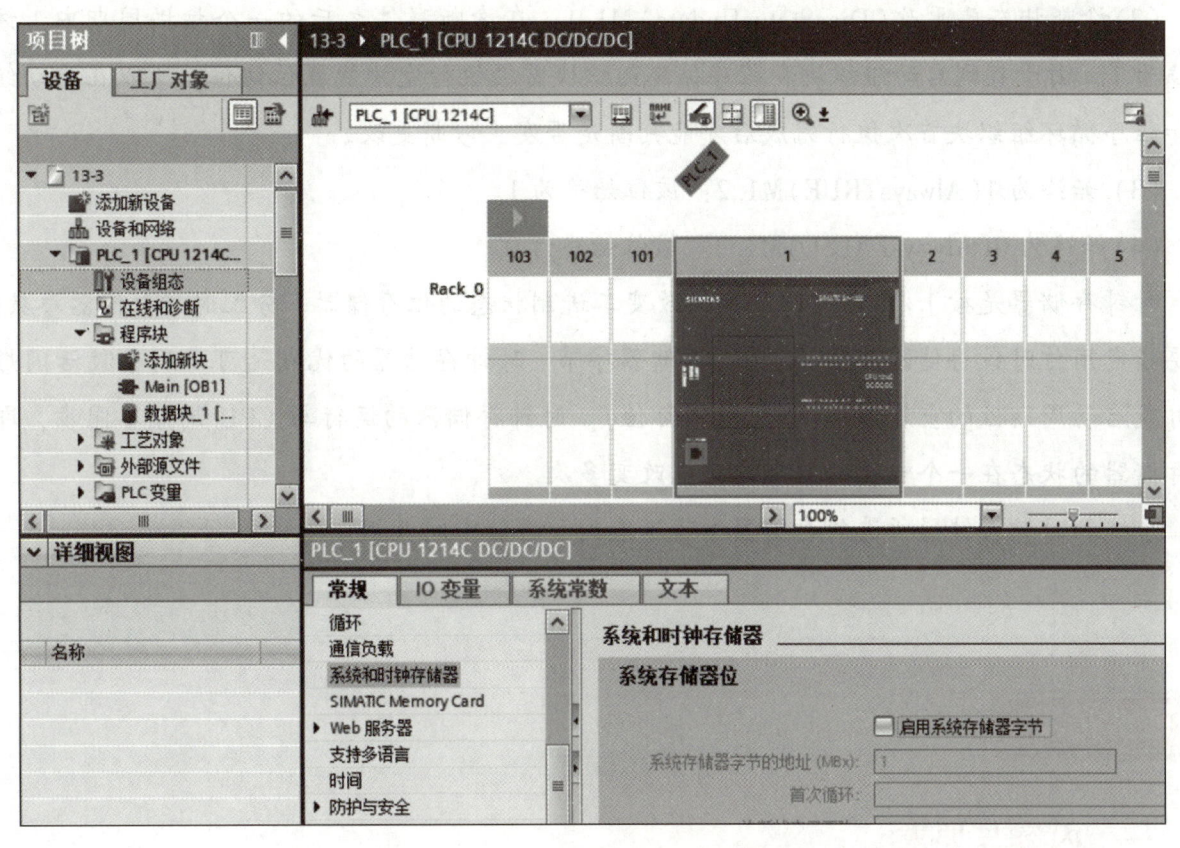

图 10-6　系统和时钟存储器设置界面(1)

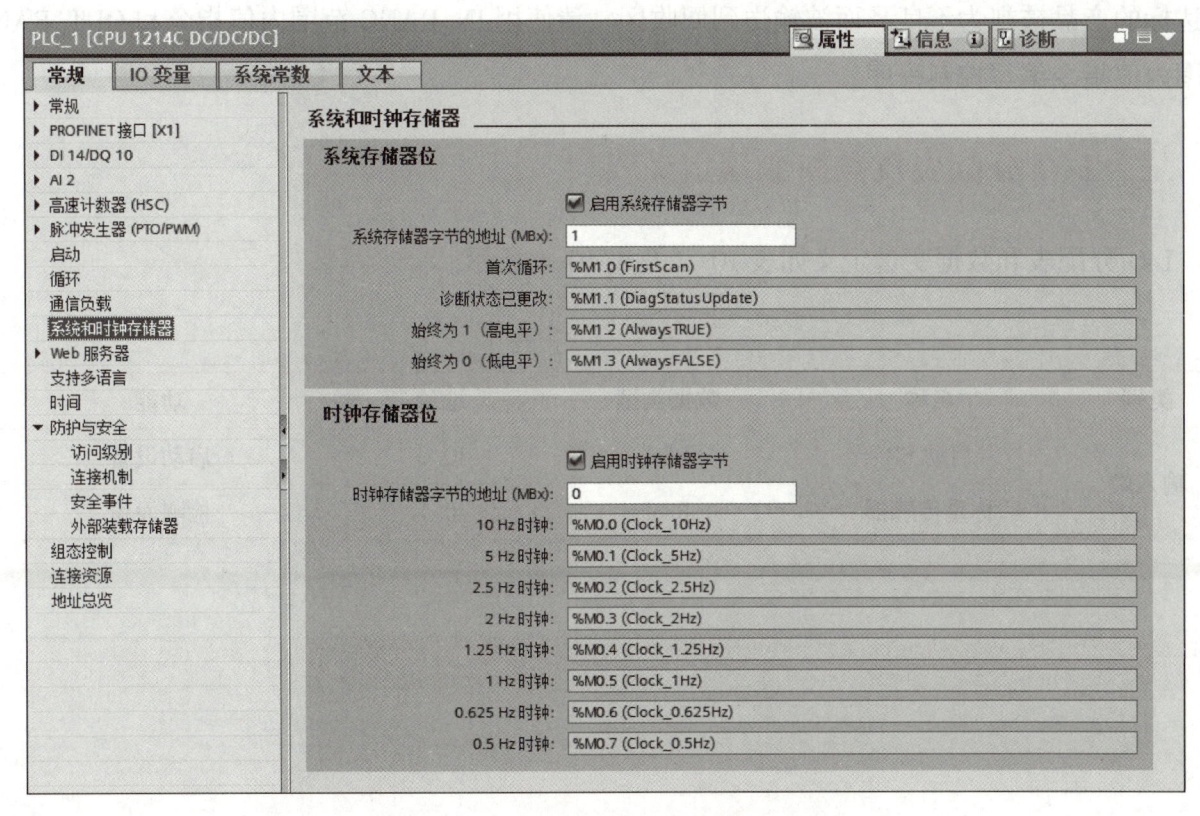

图 10-7　系统和时钟存储器设置界面(2)

(2)诊断状态已更改(DiagStatusUpdate)M1.1：在诊断事件之后的一个扫描周期内，该位置位为1。由于直到启动组织块和程序循环组织块首次执行完才能置位该位，所以在启动组织块和程序循环组织块首次执行完成后才能判断是否发生诊断更改。

(3) 始终为1(AlwaysTRUE)M1.2：该位始终为1。

(4) 始终为0(AlwaysFALSE)M1.3：该位始终为0。

时钟存储器是按1∶1占空比周期性改变二进制状态的位存储器。分配时钟存储器参数时，需要指定用作时钟存储器字节的CPU存储器字节。时钟存储器的优点是可以用于激活闪烁指示灯或启动周期性的重复操作(如记录实际值)。时钟存储器的运行与CPU周期不同步，即时钟存储器的状态在一个较长的周期内可以改变多次。

系统和时钟存储器所选的存储器字节不能用于存储中间数据。

技能拓展

一、内容与要求

在面粉分类生产线中需要使用称重传感器将2.5kg和5kg两种规格的面粉进行分类，质量不达标的产品被视为不良品而被输送到回收区。请使用IN_RANG范围内值指令和OUT_RANG范围内值指令编写控制程序。

二、I/O分配表及数据变量定义表

I/O分配表和数据变量定义如表10-7及表10-8所示。

表10-7 I/O分配表

类别	名称	数据类型	地址	功能
输入端	启动SB	Bool	I0.0	启动设备
	称重传感器	Bool	I0.1	检测面粉

续表

类别	名称	数据类型	地址	功能
输出端	电动机	Bool	Q0.0	电动机运行
	推料气缸1	Bool	Q0.1	推动2.5kg面粉
	推料气缸2	Bool	Q0.2	推动5kg面粉
	推料气缸3	Bool	Q0.3	推动不良品面粉
	2.5kg面粉	Bool	M0.1	2.5kg面粉标志位
	5kg面粉	Bool	M0.2	5kg面粉标志位
	不良品	Bool	M0.3	不良品标志位

表 10-8 数据变量定义表

类别	名称	数据类型	偏移量	设定值
数据块[DB1]	当前质量值	Real	—	0.0kg
	2.5kg上限值	Real	—	2.52kg
	2.5kg下限值	Real	—	2.48kg
	5kg上限值	Real	—	5.02kg
	5kg下限值	Real	—	4.98kg
系统块 IEC_Time_0_DB[DB3]	定时器	Time	—	5s

三、程序编写与调试

梯形图程序如图 10-8 所示。

程序段1：启动面粉传送带
注释

```
    %I0.0                                    %Q0.0
  "启动SB"                                  "电动机"
    ─┤P├─────────────────────────────────────( S )
   %M20.0
   "Tag_1"
```

图 10-8 梯形图程序

167

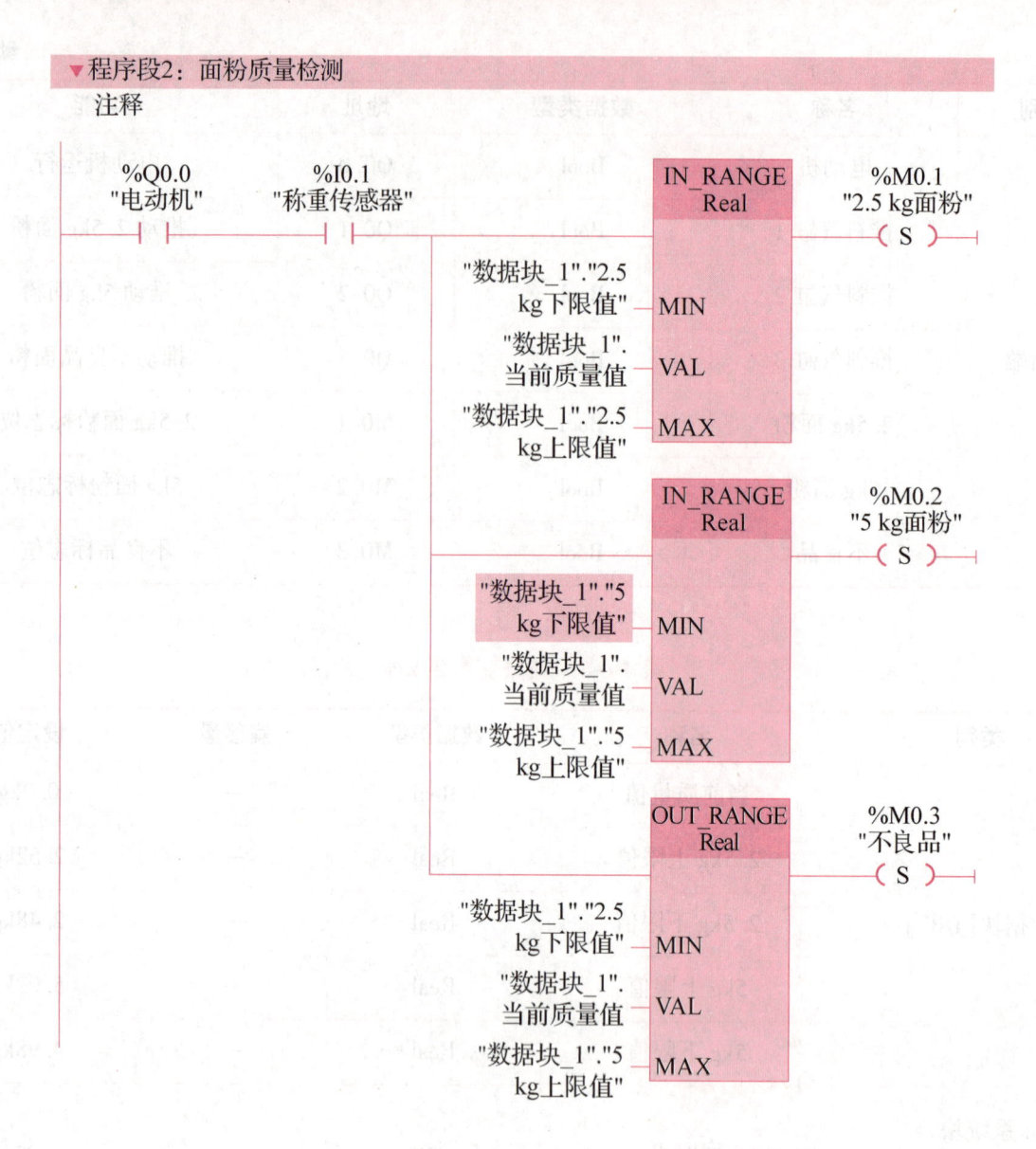

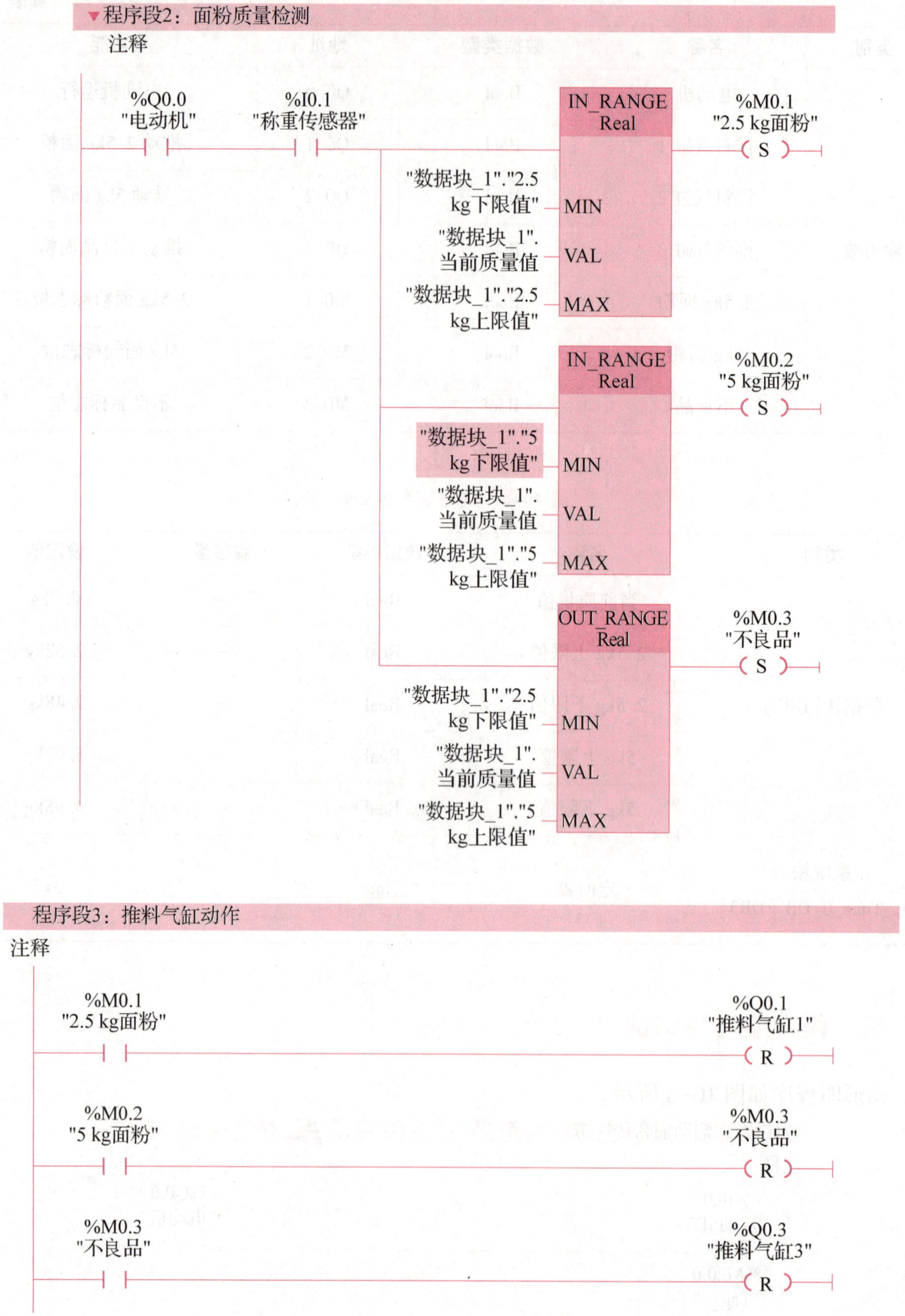

▼ 程序段2：面粉质量检测
注释

```
   %Q0.0      %I0.1                                              %M0.1
  "电动机"  "称重传感器"                    IN_RANGE              "2.5 kg面粉"
─────┤├────────┤├──────────────────────── Real ──────────────────( S )───
  │                        "数据块_1"."2.5
  │                         kg下限值"     ─ MIN
  │                        "数据块_1".
  │                         当前质量值    ─ VAL
  │                        "数据块_1"."2.5
  │                         kg上限值"     ─ MAX
  │
  │                                        IN_RANGE              %M0.2
  │                                         Real                "5 kg面粉"
  ├──────────────────────────────────────────────────────────────( S )───
  │                        "数据块_1"."5
  │                         kg下限值"     ─ MIN
  │                        "数据块_1".
  │                         当前质量值    ─ VAL
  │                        "数据块_1"."5
  │                         kg上限值"     ─ MAX
  │
  │                                       OUT_RANGE              %M0.3
  │                                         Real                 "不良品"
  └──────────────────────────────────────────────────────────────( S )───
                           "数据块_1"."2.5
                            kg下限值"     ─ MIN
                           "数据块_1".
                            当前质量值    ─ VAL
                           "数据块_1"."5
                            kg上限值"     ─ MAX
```

▼ 程序段3：推料气缸动作
注释

```
   %M0.1                                                          %Q0.1
 "2.5 kg面粉"                                                  "推料气缸1"
─────┤├────────────────────────────────────────────────────────( R )───

   %M0.2                                                          %M0.3
  "5 kg面粉"                                                     "不良品"
─────┤├────────────────────────────────────────────────────────( R )───

   %M0.3                                                          %Q0.3
  "不良品"                                                    "推料气缸3"
─────┤├────────────────────────────────────────────────────────( R )───
```

图 10-8　梯形图程序 (续)

程序段4：复位面粉分类结果
注释

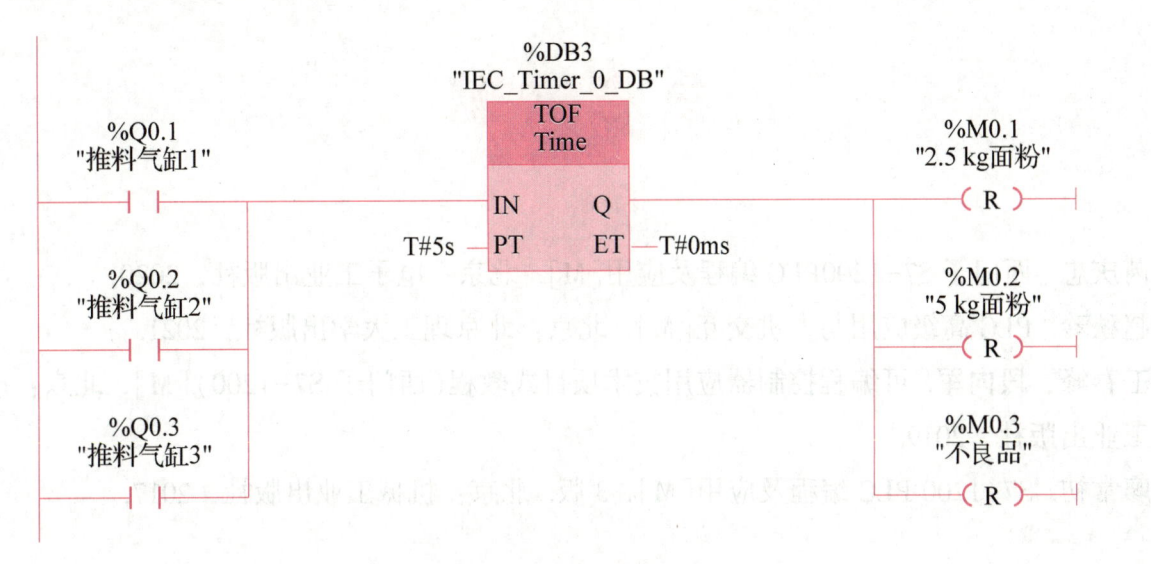

图10-8　梯形图程序(续)

项目总结

前面的项目介绍了触点比较指令，本项目所介绍的范围比较指令用于比较操作数是否是在最大值与最小值之间，还是在这个范围之外。可以形象地用区间的概念解释，范围比较指令就是判断操作数是在区间封闭的部分，还是在往两边"散开"的部分。同学们可以根据任务的要求合理选用相应的比较指令进行编程。

参 考 文 献

[1] 芮庆忠. 西门子 S7-1200PLC 编程及应用[M]. 北京：电子工业出版社，2020.
[2] 赵秋玲. PLC 高级应用与人机交互[M]. 北京：北京理工大学出版社，2021.
[3] 王春峰，段向军. 可编程控制器应用技术项目式教程(西门子 S7-1200)[M]. 北京：电子工业出版社，2019.
[4] 廖常初. S7-1200 PLC 编程及应用[M]. 3 版. 北京：机械工业出版社，2017.

项目一　三相异步电动机单方向运行控制

【工作任务】

一、控制要求

1. 初始状态

电动机的中间继电器 KA1 为失电状态，电动机不转。

2. 启动操作

同时按下启动按钮 SB1 和 SB2 后，电动机中间继电器 KA1 线圈连续得电，电动机持续运转。

3. 停止操作

任意按下停止按钮 SB3 或 SB4 后，电动机中间继电器 KA1 线圈失电，电动机停止运转。

二、列写 I/O 分配表

I/O 分配表如表 1-1 所示。

表 1-1　I/O 分配表

输入端			输出端		
地址	电路元件	功能	地址	电路元件	功能

三、PLC 硬件接线

根据任务分析，进行 PLC 硬件接线，如图 1-1 所示。

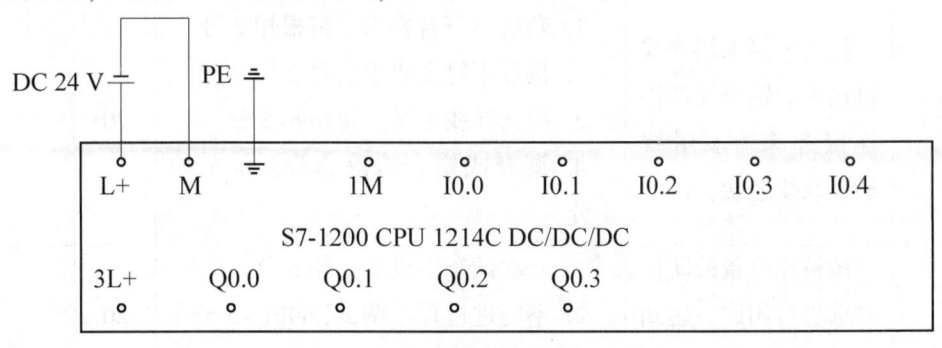

图 1-1　PLC 硬件接线图

四、编写梯形图程序

程序段 1

程序段 2

【项目评价】

任务完成情况如表 1-2 所示。

表 1-2 任务完成情况表

项目	主要内容	考核要求	评分标准	配分	扣分	得分	小计
任务完成情况	I/O 分配	1. 列出 PLC I/O 分配表 2. 画出程序设计流程图	1. 电路设计不全，每处扣 2 分 2. 输入/输出地址遗漏，每处扣 2 分 3. 设计流程图错误，每处扣 2 分	10			
	程序设计及输入	1. 根据程序设计流程图，编写梯形图程序 2. 熟练操作 PLC 键盘，正确将所编程序传送到 PLC	1. 不能熟练操作计算机键盘输入指令，扣 2 分 2. 梯形图表达不正确或画法不规范，每处扣 5 分 3. 不能熟练地将程序下载到 PLC 中，扣 5 分	30			
	布线工艺	按工艺要求用导线将输入、输出元器件连接起来（采用线槽、软线连接）	1. 布线不符合要求，每根扣 2 分 2. 接点不符合要求，每点扣 2 分 3. 损伤导线绝缘，每根扣 5 分 4. 漏套或错套编码套管，每个扣 1 分	20			
	运行调试	按被控设备的动作要求进行调试，达到控制要求	1. 一次试车不成功，扣 5 分 2. 不能进行程序调试，扣 1~5 分 3. 不能达到控制要求，扣 1~10 分	20			

续表

项目	主要内容	考核要求	评分标准	配分	扣分	得分	小计
综合能力	职业素养	学习主动性	1. 学习主动性差，学习准备不充分，扣2分	10			
		团队沟通合作	2. 团队合作意识差，缺乏协作精神，扣2分				
		语言表达	3. 语言表达不规范，扣2分				
		工作效率	4. 时间观念不强，工作效率低，扣2分				
		工作质量	5. 不注重工作质量与工作成本，扣2分				
	安全文明生产	安全生产规程操作	1. 安全意识差，不按安全生产规程操作，扣10分	10			
		劳动保护用品	2. 劳动保护用品穿戴不整齐，扣10分				
		清理工作现场	3. 施工后不清理现场，扣5分				
定额时间			15min，每超时5min扣5分				
备注			除定额时间外，各项目的最高扣分不应超过配分数	合计	100		
开始时间			结束时间		实际用时		

— 3 —

项目二　三相异步电动机双重联锁可逆控制

【工作任务】

一、控制要求

用 PLC 实现两台机电动机的启动与停止，按下启动按钮，电动机 M1、M2 同时启动，按下停止按钮，M2 停止后 M1 才停止。

二、列写 I/O 分配表

I/O 分配表如表 2-1 所示。

表 2-1　I/O 分配表

类别	名称	数据类型	地址	功能
输入端				
输出端				
存储器				

三、列写数据变量定义表

数据变量定义表如表 2-2 所示。

表 2-2　数据变量定义表

类别	名称	数据类型	偏移量	设定值
数据块[DB0]				

续表

类别	名称	数据类型	偏移量	设定值
系统块 程序资源				

四、PLC 硬件接线

根据任务分析，进行 PLC 硬件接线，如图 2-1 所示。

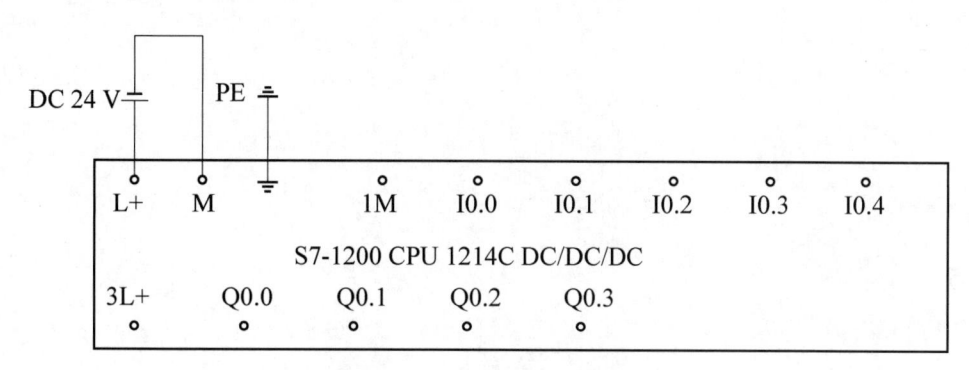

图 2-1　PLC 硬件接线图

五、编写梯形图程序

程序段 1

程序段 2

程序段 3

程序段 4

程序段 5

程序段 6

【项目评价】

任务完成情况如表 2-3 所示。

表 2-3 任务完成情况

项目	主要内容	考核要求	评分标准	配分	扣分	得分	小计
任务完成情况	I/O 分配	1. 列出 PLC I/O 分配表 2. 画出程序设计流程图	1. 电路设计不全，每处扣 2 分 2. 输入/输出地址遗漏，每处扣 2 分 3. 设计流程图错误，每处扣 2 分	10			
	程序设计及输入	1. 根据程序设计流程图，编写梯形图程序 2. 熟练操作 PLC 键盘，正确将所编程序传送到 PLC	1. 不能熟练操作计算机键盘输入指令，扣 2 分 2. 梯形图表达不正确或画法不规范，每处扣 5 分 3. 不能熟练地将程序下载到 PLC 中，扣 5 分	30			
	布线工艺	按工艺要求用导线将输入、输出元器件连接起来（采用线槽、软线连接）	1. 布线不符合要求，每根扣 2 分 2. 接点不符合要求，每点扣 2 分 3. 损伤导线绝缘，每根扣 5 分 4. 漏套或错套编码套管，每个扣 1 分	20			
	运行调试	按被控设备的动作要求进行调试，达到控制要求	1. 一次试车不成功，扣 5 分 2. 不能进行程序调试，扣 1~5 分 3. 不能达到控制要求，扣 1~10 分	20			

续表

项目	主要内容	考核要求	评分标准	配分	扣分	得分	小计
综合能力	职业素养	学习主动性	1. 学习主动性差，学习准备不充分，扣2分	10			
		团队沟通合作	2. 团队合作意识差，缺乏协作精神，扣2分				
		语言表达	3. 语言表达不规范，扣2分				
		工作效率	4. 时间观念不强，工作效率低，扣2分				
		工作质量	5. 不注重工作质量与工作成本，扣2分				
	安全文明生产	安全生产规程操作	1. 安全意识差，不按安全生产规程操作，扣10分	10			
		劳动保护用品	2. 劳动保护用品穿戴不整齐，扣10分				
		清理工作现场	3. 施工后不清理现场，扣5分				
定额时间			15min，每超时5min扣5分				
备注			除定额时间外，各项目的最高扣分不应超过配分数	合计	100		
开始时间		结束时间		实际用时			

项目三 三相异步电动机 Y-△ 降压启动运行控制

【工作任务】

一、控制要求

按下启动按钮 SB1，5s 后电动机 M1 启动，按下停止按钮 SB2，10s 后电动机 M1 停止。

二、列写 I/O 分配表

I/O 分配表如表 3-1 所示。

表 3-1 I/O 分配表

类别	名称	数据类型	地址	功能
输入端				
输出端				
存储器				

三、列写数据变量定义表

数据变量定义表如表 3-2 所示。

表 3-2 数据变量定义表

类别	名称	数据类型	偏移量	设定值
数据块[DB0]				
系统块程序资源				

四、PLC 硬件接线

根据任务分析，进行 PLC 硬件接线，如图 3-1 所示。

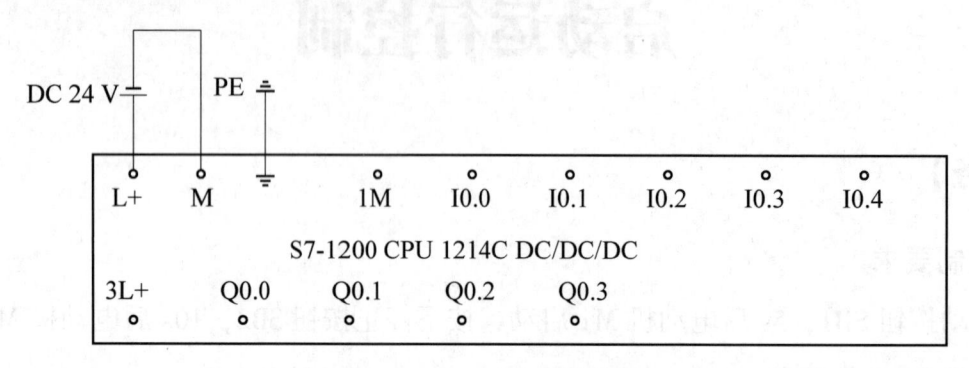

图 3-1　PLC 硬件接线图

五、编写梯形图程序

程序段 1

程序段 2

程序段 3

程序段 4

程序段 5

程序段 6

【项目评价】

任务完成情况如表 3-3 所示。

表 3-3 任务完成情况

项目	主要内容	考核要求	评分标准	配分	扣分	得分	小计
任务完成情况	I/O 分配	1. 列出 PLC I/O 分配表 2. 画出程序设计流程图	1. 电路设计不全，每处扣 2 分 2. 输入/输出地址遗漏，每处扣 2 分 3. 设计流程图错误，每处扣 2 分	10			
	程序设计及输入	1. 根据程序设计流程图，编写梯形图程序 2. 熟练操作 PLC 键盘，正确将所编程序传送到 PLC	1. 不能熟练操作计算机键盘输入指令，扣 2 分 2. 梯形图表达不正确或画法不规范，每处扣 5 分 3. 不能熟练地将程序下载到 PLC 中，扣 5 分	30			
	布线工艺	按工艺要求用导线将输入、输出元器件连接起来（采用线槽、软线连接）	1. 布线不符合要求，每根扣 2 分 2. 接点不符合要求，每点扣 2 分 3. 损伤导线绝缘，每根扣 5 分 4. 漏套或错套编码套管，每个扣 1 分	20			
	运行调试	按被控设备的动作要求进行调试，达到控制要求	1. 一次试车不成功，扣 5 分 2. 不能进行程序调试，扣 1~5 分 3. 不能达到控制要求，扣 1~10 分	20			

续表

项目	主要内容	考核要求	评分标准	配分	扣分	得分	小计
综合能力	职业素养	学习主动性	1. 学习主动性差，学习准备不充分，扣2分	10			
		团队沟通合作	2. 团队合作意识差，缺乏协作精神，扣2分				
		语言表达	3. 语言表达不规范，扣2分				
		工作效率	4. 时间观念不强，工作效率低，扣2分				
		工作质量	5. 不注重工作质量与工作成本，扣2分				
	安全文明生产	安全生产规程操作	1. 安全意识差，不按安全生产规程操作，扣10分	10			
		劳动保护用品	2. 劳动保护用品穿戴不整齐，扣10分				
		清理工作现场	3. 施工后不清理现场，扣5分				
定额时间			15min，每超时5min扣5分				
备注			除定额时间外，各项目的最高扣分不应超过配分数		合计	100	
开始时间			结束时间		实际用时		

项目四　抢答器自动控制

【工作任务】

一、控制要求

(1)抢答器可同时供 3 组以下选手参加比赛。

(2)给竞赛主持人设置 2 个控制按钮，用来控制开始、复位。

(3)每当主持人发出开始抢答指令后，哪组选手最先按下抢答器按钮，则数码管就显示哪组的编号，同时绿色指示灯亮，音响电路发出声响提示信号(持续 3s)以指示抢答成功，并对其后的抢答信号不再响应，选手答题完毕后，由主持人按下复位按钮，系统开始下一轮抢答。

(4)违规抢答。若选手在未开始抢答时提前抢答，则则视为违规，违规时该组指示灯与数码管编号显示同频闪烁。

(5)答题限时。在抢答成功后，主持人按下答题计时按钮，定时器 T0 开始计时(设定 30s)，选手必须在设定时间内完成答题，若 30s 限制到时，则红灯亮，发出超时报警信号，同时数码管显示答题倒计时时间。该时间可根据需要调节，此设定为 30s。

(6)停止操作。开关 SB2 合上后，停止当前操作，回到初始状态。

二、列写 I/O 分配表

I/O 分配表如表 4-1 所示。

表 4-1　I/O 分配表

类别	名称	数据类型	地址	功能
输入端				

续表

类别	名称	数据类型	地址	功能
输出端				
存储器				

三、列写数据变量定义表

数据变量定义表如表 4-2 所示。

表 4-2 数据变量定义表

类别	名称	数据类型	偏移量	设定值
数据块[DB0]				
系统块 程序资源				

— 14 —

四、PLC 硬件接线

根据任务分析，进行 PLC 硬件接线，如图 4-1 所示。

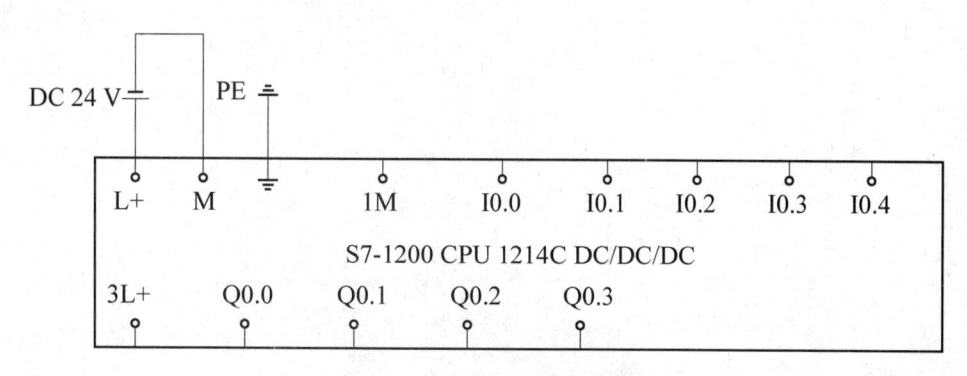

图 4-1 PLC 硬件接线图

五、绘制功能图

六、编写梯形图程序

程序段 1

程序段 2

程序段 3

程序段 4

程序段 5

程序段 6

程序段 7

程序段 8

程序段 9

程序段 10

程序段 11

程序段 12

【项目评价】

任务完成情况如表4-3所示。

表4-3 任务完成情况

项目	主要内容	考核要求	评分标准	配分	扣分	得分	小计
任务完成情况	I/O分配	1. 列出PLC I/O分配表 2. 画出程序设计流程图	1. 电路设计不全，每处扣2分 2. 输入/输出地址遗漏，每处扣2分 3. 设计流程图错误，每处扣2分	10			
	程序设计及输入	1. 根据程序设计流程图，编写梯形图程序 2. 熟练操作PLC键盘，正确将所编程序传送到PLC	1. 不能熟练操作计算机键盘输入指令，扣2分 2. 梯形图表达不正确或画法不规范，每处扣5分 3. 不能熟练地将程序下载到PLC中，扣5分	30			
	布线工艺	按工艺要求用导线将输入、输出元器件连接起来（采用线槽、软线连接）	1. 布线不符合要求，每根扣2分 2. 接点不符合要求，每点扣2分 3. 损伤导线绝缘，每根扣5分 4. 漏套或错套编码套管，每个扣1分	20			
	运行调试	按被控设备的动作要求进行调试，达到控制要求	1. 一次试车不成功，扣5分 2. 不能进行程序调试，扣1~5分 3. 不能达到控制要求，扣1~10分	20			

续表

项目	主要内容	考核要求	评分标准	配分	扣分	得分	小计
综合能力	职业素养	学习主动性	1. 学习主动性差，学习准备不充分，扣2分	10			
		团队沟通合作	2. 团队合作意识差，缺乏协作精神，扣2分				
		语言表达	3. 语言表达不规范，扣2分				
		工作效率	4. 时间观念不强，工作效率低，扣2分				
		工作质量	5. 不注重工作质量与工作成本，扣2分				
	安全文明生产	安全生产规程操作	1. 安全意识差，不按安全生产规程操作，扣10分	10			
		劳动保护用品	2. 劳动保护用品穿戴不整齐，扣10分				
		清理工作现场	3. 施工后不清理现场，扣5分				
定额时间			15min，每超时5min扣5分				
备注			除定额时间外，各项目的最高扣分不应超过配分数	合计	100		
开始时间			结束时间		实际用时		

项目五　天塔之光自动控制

【工作任务】

一、控制要求

1. 初始状态

灯塔上的各个灯均为熄灭状态。

2. 启动操作

按下启动按钮（SB1），L1、L3、L5、L7、L9 亮，1s 后灭；接着 L2、L4、L6、L8 亮，1s 后灭；接着 L1、L3、15、L7、L9 亮，1s 后灭；……如此循环。

3. 停止操作

按下停止按钮（SB2），所有灯灭。

二、列写 I/O 分配表

I/O 分配表如表 5-1 所示。

表 5-1　I/O 分配表

类别	名称	数据类型	地址	功能
输入端				
输出端				

续表

类别	名称	数据类型	地址	功能
存储器				

三、列写数据变量定义表

数据变量定义表如表 5-2 所示。

表 5-2　数据变量定义表

类别	三	数据类型	偏移量	设定值
数据块[DB0]				
系统块 程序资源				

四、PLC 硬件接线

根据任务分析，进行 PLC 硬件接线，如图 5-1 所示。

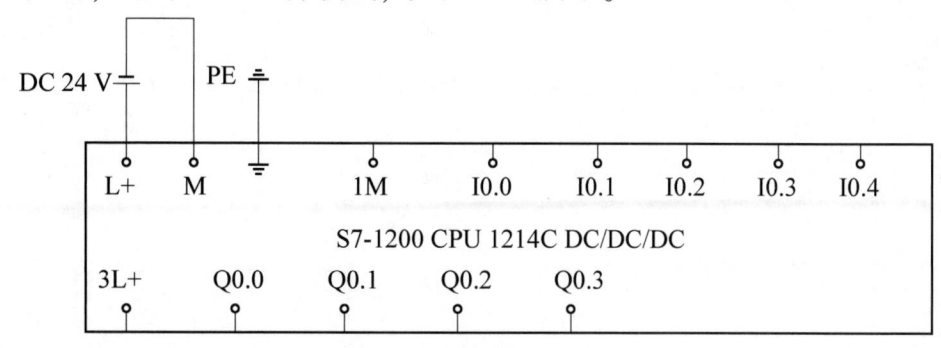

图 5-1　PLC 硬件接线图

五、绘制功能图

六、编写梯形图程序

程序段 1

程序段 2

程序段 3

程序段 4

程序段 5

程序段 6

程序段 7

程序段 8

程序段 9

程序段 10

程序段 11

程序段 12

【项目评价】

任务完成情况如表 5-3 所示。

表 5-3 任务完成情况

项目	主要内容	考核要求	评分标准	配分	扣分	得分	小计
任务完成情况	I/O 分配	1. 列出 PLC I/O 分配表 2. 画出程序设计流程图	1. 电路设计不全，每处扣 2 分 2. 输入/输出地址遗漏，每处扣 2 分 3. 设计流程图错误，每处扣 2 分	10			
	程序设计及输入	1. 根据程序设计流程图，编写梯形图程序 2. 熟练操作 PLC 键盘，正确将所编程序传送到 PLC	1. 不能熟练操作计算机键盘输入指令，扣 2 分 2. 梯形图表达不正确或画法不规范，每处扣 5 分 3. 不能熟练地将程序下载到 PLC 中，扣 5 分	30			

续表

项目	主要内容	考核要求	评分标准	配分	扣分	得分	小计
任务完成情况	布线工艺	按工艺要求用导线将输入、输出元器件连接起来（采用线槽、软线连接）	1. 布线不符合要求，每根扣2分 2. 接点不符合要求，每点扣2分 3. 损伤导线绝缘，每根扣5分 4. 漏套或错套编码套管，每个扣1分	20			
	运行调试	按被控设备的动作要求进行调试，达到控制要求	1. 一次试车不成功，扣5分 2. 不能进行程序调试，扣1~5分 3. 不能达到控制要求，扣1~10分	20			
综合能力	职业素养	学习主动性	1. 学习主动性差，学习准备不充分，扣2分	10			
		团队沟通合作	2. 团队合作意识差，缺乏协作精神，扣2分				
		语言表达	3. 语言表达不规范，扣2分				
		工作效率	4. 时间观念不强，工作效率低，扣2分				
		工作质量	5. 不注重工作质量与工作成本，扣2分				
	安全文明生产	安全生产规程操作	1. 安全意识差，不按安全生产规程操作，扣10分	10			
		劳动保护用品	2. 劳动保护用品穿戴不整齐，扣10分				
		清理工作现场	3. 施工后不清理现场，扣5分				
定额时间		15min，每超时5min扣5分					
备注		除定额时间外，各项目的最高扣分不应超过配分数		合计	100		
开始时间		结束时间		实际用时			

项目六 水塔水位自动控制

【工作任务】

一、控制要求

1. 初始状态

储水池、水塔均无水,水泵(M)、进水电磁阀(Y)为失电状态,传感器S1、S2、S3、S4无信号。

2. 启动操作

(1)按下启动按钮SB1,进水电磁阀Y打开,水位开始上升。

(2)当储水池的水位达到其上水位界时,其上水位检测传感器(S3)输出信号,进水电磁阀Y关闭,水位停止上升。

(3)当储水池的水满时,水泵M开始动作,将储水池的水输送到水塔中。

(4)当水塔的水位上升到其上水位界时,其上水位检测传感器(S1)输出信号,水泵M停止抽水。

(5)水塔的出水电磁阀可根据用户的用水量进行调节,当水塔的水位下降到其下水位界时,其下水位检测传感器(S2)停止输出信号,水泵再次打开。为了保证水塔的水量,储水池也会在其水位处于下水位界(液位传感器S4没有信号)时自动打开进水电磁阀Y。

3. 停止操作

按下停止按钮SB2,M、Y失电,如果出水电磁阀仍然打开,就继续向用户供水,直到水塔无水。若停止后再启动,系统会根据S1、S2、S3、S4的状态做出相应的动作。

二、列写I/O分配表

I/O分配表如表6-1所示。

表6-1 I/O分配表

类别	元件名称	数据类型	地址	功能
输入端				

续表

类别	元件名称	数据类型	地址	功能
输出端				

三、PLC 硬件接线

根据任务分析，进行 PLC 硬件接线，如图 6-1 所示。

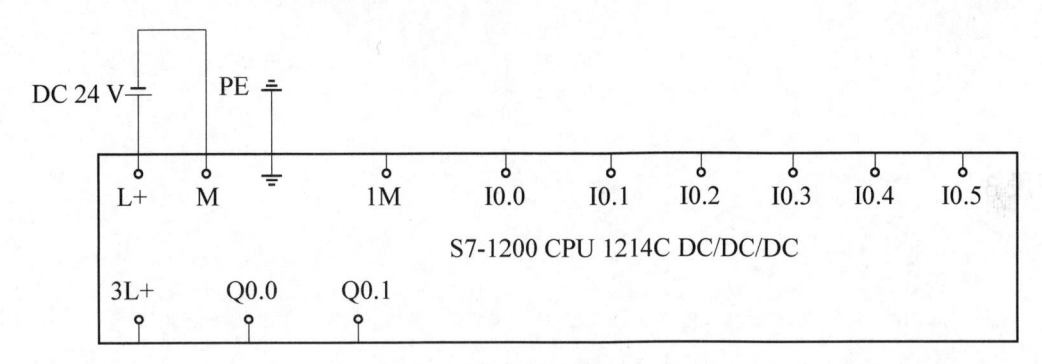

```
DC 24 V    PE

  L+   M        1M   I0.0  I0.1  I0.2  I0.3  I0.4  I0.5
                S7-1200 CPU 1214C DC/DC/DC
  3L+  Q0.0  Q0.1
```

图 6-1　PLC 硬件接线图

四、绘制功能图

— 27 —

五、编写梯形图程序

程序段 1

程序段 2

程序段 3

程序段 4

程序段 5

程序段 6

程序段 7

程序段 8

【项目评价】

任务完成情况如表 6-2 所示。

表 6-2 任务完成情况

项目	主要内容	考核要求	评分标准	配分	扣分	得分	小计
任务完成情况	I/O 分配	1. 列出 PLC I/O 分配表 2. 画出程序设计流程图	1. 电路设计不全，每处扣 2 分 2. 输入/输出地址遗漏，每处扣 2 分 3. 设计流程图错误，每处扣 2 分	10			
	程序设计及输入	1. 根据程序设计流程图，编写梯形图程序 2. 熟练操作 PLC 键盘，正确将所编程序传送到 PLC	1. 不能熟练操作计算机键盘输入指令，扣 2 分 2. 梯形图表达不正确或画法不规范，每处扣 5 分 3. 不能熟练地将程序下载到 PLC 中，扣 5 分	30			
	布线工艺	按工艺要求用导线将输入、输出元器件连接起来（采用线槽、软线连接）	1. 布线不符合要求，每根扣 2 分 2. 接点不符合要求，每点扣 2 分 3. 损伤导线绝缘，每根扣 5 分 4. 漏套或错套编码套管，每个扣 1 分	20			
	运行调试	按被控设备的动作要求进行调试，达到控制要求	1. 一次试车不成功，扣 5 分 2. 不能进行程序调试，扣 1~5 分 3. 不能达到控制要求，扣 1~10 分	20			

续表

项目	主要内容	考核要求	评分标准	配分	扣分	得分	小计
综合能力	职业素养	学习主动性	1. 学习主动性差，学习准备不充分，扣2分	10			
		团队沟通合作	2. 团队合作意识差，缺乏协作精神，扣2分				
		语言表达	3. 语言表达不规范，扣2分				
		工作效率	4. 时间观念不强，工作效率低，扣2分				
		工作质量	5. 不注重工作质量与工作成本，扣2分				
	安全文明生产	安全生产规程操作	1. 安全意识差，不按安全生产规程操作，扣10分	10			
		劳动保护用品	2. 劳动保护用品穿戴不整齐，扣10分				
		清理工作现场	3. 施工后不清理现场，扣5分				
定额时间		15min，每超时5min扣5分					
备注		除定额时间外，各项目的最高扣分不应超过配分数		合计	100		
开始时间			结束时间		实际用时		

项目七　密码锁自动控制

【工作任务】

一、控制要求

有一个密码锁，共有 8 个按键 SB1~SB8，其控制要求如下。

(1) SB7 为启动键，只有按下 SB7 才可进行开锁操作。

(2) SB1、SB2、SB5 为可按压键。开锁条件为：SB1 设定按压次数为 3 次，SB2 设定按压次数为 2 次，SB5 设定按压次数为 4 次，如果按上述规定按压，则 3 s 后，密码锁自动打开，按压顺序不可改变。

(3) SB3、SB4 为不可按压键，一按压，警报器就发出警报，不能进行开锁操作。

(4) SB6 为复位键，按下 SB6 后，可重新进行开锁操作。如果按错键，则必须进行复位操作，所有的计数器都被复位。

(5) SB8 为停止键，按下 SB8，停止开锁操作。

二、列写 I/O 分配表

I/O 分配表如表 7-1 所示。

表 7-1　I/O 分配表

类别	元件名称	数据类型	地址	功能
输入端				
输出端				

三、列写数据变量定义表

数据变量定义表如表 7-2 所示。

表 7-2 数据变量定义表

类别	名称	数据类型	偏移量	设定值
系统块 程序资源				

四、PLC 硬件接线

根据任务分析，进行 PLC 硬件接线，如图 7-1 所示。

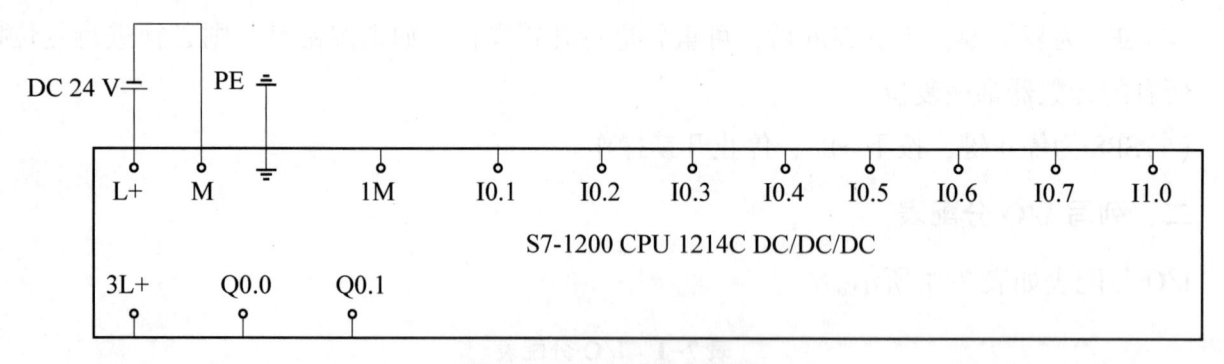

图 7-1 PLC 硬件接线图

五、绘制功能图

六、编写梯形图程序

程序段 1

程序段 2

程序段 3

程序段 4

程序段 5

程序段 6

程序段 7

程序段 8

【项目评价】

任务完成情况如表 7-3 所示。

表 7-3 任务完成情况

项目	主要内容	考核要求	评分标准	配分	扣分	得分	小计
任务完成情况	I/O 分配	1. 列出 PLC I/O 分配表 2. 画出程序设计流程图	1. 电路设计不全，每处扣 2 分 2. 输入/输出地址遗漏，每处扣 2 分 3. 设计流程图错误，每处扣 2 分	10			
	程序设计及输入	1. 根据程序设计流程图，编写梯形图程序 2. 熟练操作 PLC 键盘，正确将所编程序传送到 PLC	1. 不能熟练操作计算机键盘输入指令，扣 2 分 2. 梯形图表达不正确或画法不规范，每处扣 5 分 3. 不能熟练地将程序下载到 PLC 中，扣 5 分	30			
	布线工艺	按工艺要求用导线将输入、输出元器件连接起来（采用线槽、软线连接）	1. 布线不符合要求，每根扣 2 分 2. 接点不符合要求，每点扣 2 分 3. 损伤导线绝缘，每根扣 5 分 4. 漏套或错套编码套管，每个扣 1 分	20			
	运行调试	按被控设备的动作要求进行调试，达到控制要求	1. 一次试车不成功，扣 5 分 2. 不能进行程序调试，扣 1~5 分 3. 不能达到控制要求，扣 1~10 分	20			

续表

项目	主要内容	考核要求	评分标准	配分	扣分	得分	小计
综合能力	职业素养	学习主动性	1. 学习主动性差，学习准备不充分，扣2分	10			
		团队沟通合作	2. 团队合作意识差，缺乏协作精神，扣2分				
		语言表达	3. 语言表达不规范，扣2分				
		工作效率	4. 时间观念不强，工作效率低，扣2分				
		工作质量	5. 不注重工作质量与工作成本，扣2分				
	安全文明生产	安全生产规程操作	1. 安全意识差，不按安全生产规程操作，扣10分	10			
		劳动保护用品	2. 劳动保护用品穿戴不整齐，扣10分				
		清理工作现场	3. 施工后不清理现场，扣5分				
定额时间		15min，每超时5min扣5分					
备注		除定额时间外，各项目的最高扣分不应超过配分数		合计		100	
开始时间			结束时间		实际用时		

项目八　交通灯自动控制

【工作任务】

一、控制要求

(1)按下启动按钮 SB1，东西绿灯先亮 5 s 再以 1 Hz 频率闪烁 3s，然后绿灯灭，东西黄灯亮 2 s 后灭，东西红灯亮 10 s 后灭，接着又是绿灯亮，如此循环。

(2)东西方向的交通灯亮的同时，南北方向的交通信号灯也亮。与其相对应的顺序是：在东西绿灯和黄灯亮的 10 s 内，南北红灯亮 10 s，在东西红灯亮的 10 s 内，南北绿灯亮 4 s 再以 1 Hz 频率闪烁 3 s 后灭，黄灯亮 2 s 后灭。

(3)按下停止按钮 SB2 后，所有交通灯都灭。

二、列写 I/O 分配表

I/O 分配表如表 8-1 所示。

表 8-1　I/O 分配表

类别	元件名称	数据类型	地址	功能
输入端				
输出端				
存储器位				

三、列写数据变量定义表

数据变量定义表如表 8-2 所示。

表 8-2 数据变量定义表

类别	名称	数据类型	偏移量	设定值
系统块				
程序资源				

四、PLC 硬件接线

根据任务分析，进行 PLC 硬件接线，如图 8-1 所示。

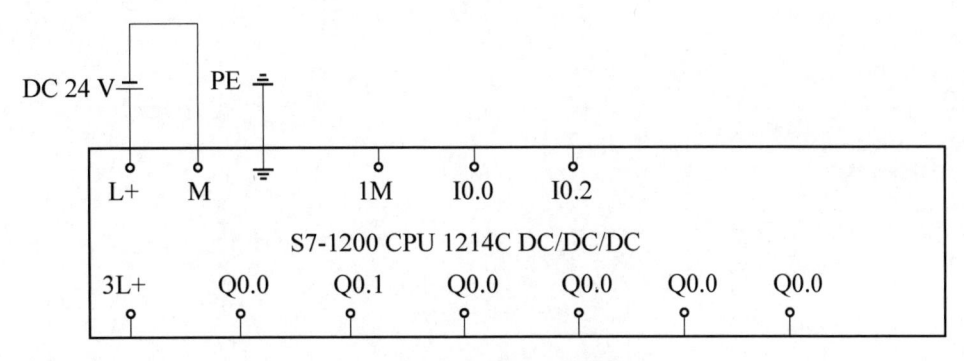

图 8-1 PLC 硬件接线图

五、绘制功能图

六、编写梯形图程序

程序段 1

程序段 2

程序段 3

程序段 4

程序段 5

程序段 6

程序段 7

程序段 8

【项目评价】

任务完成情况如表 8-3 所示。

表 8-3　任务完成情况

项目	主要内容	考核要求	评分标准	配分	扣分	得分	小计
任务完成情况	I/O 分配	1. 列出 PLC I/O 分配表 2. 画出程序设计流程图	1. 电路设计不全，每处扣 2 分 2. 输入/输出地址遗漏，每处扣 2 分 3. 设计流程图错误，每处扣 2 分	10			
	程序设计及输入	1. 根据程序设计流程图，编写梯形图程序 2. 熟练操作 PLC 键盘，正确将所编程序传送到 PLC	1. 不能熟练操作计算机键盘输入指令，扣 2 分 2. 梯形图表达不正确或画法不规范，每处扣 5 分 3. 不能熟练地将程序下载到 PLC 中，扣 5 分	30			
	布线工艺	按工艺要求用导线将输入、输出元器件连接起来（采用线槽、软线连接）	1. 布线不符合要求，每根扣 2 分 2. 接点不符合要求，每点扣 2 分 3. 损伤导线绝缘，每根扣 5 分 4. 漏套或错套编码套管，每个扣 1 分	20			
	运行调试	按被控设备的动作要求进行调试，达到控制要求	1. 一次试车不成功，扣 5 分 2. 不能进行程序调试，扣 1~5 分 3. 不能达到控制要求，扣 1~10 分	20			

续表

项目	主要内容	考核要求	评分标准	配分	扣分	得分	小计
综合能力	职业素养	学习主动性	1. 学习主动性差，学习准备不充分，扣2分	10			
		团队沟通合作	2. 团队合作意识差，缺乏协作精神，扣2分				
		语言表达	3. 语言表达不规范，扣2分				
		工作效率	4. 时间观念不强，工作效率低，扣2分				
		工作质量	5. 不注重工作质量与工作成本，扣2分				
	安全文明生产	安全生产规程操作	1. 安全意识差，不按安全生产规程操作，扣10分	10			
		劳动保护用品	2. 劳动保护用品穿戴不整齐，扣10分				
		清理工作现场	3. 施工后不清理现场，扣5分				
定额时间			15min，每超时5min扣5分				
备注			除定额时间外，各项目的最高扣分不应超过配分数	合计		100	
开始时间			结束时间	实际用时			

项目九 自动送料装车控制

【工作任务】

自动送料装车控制系统示意如图 9-1 所示。

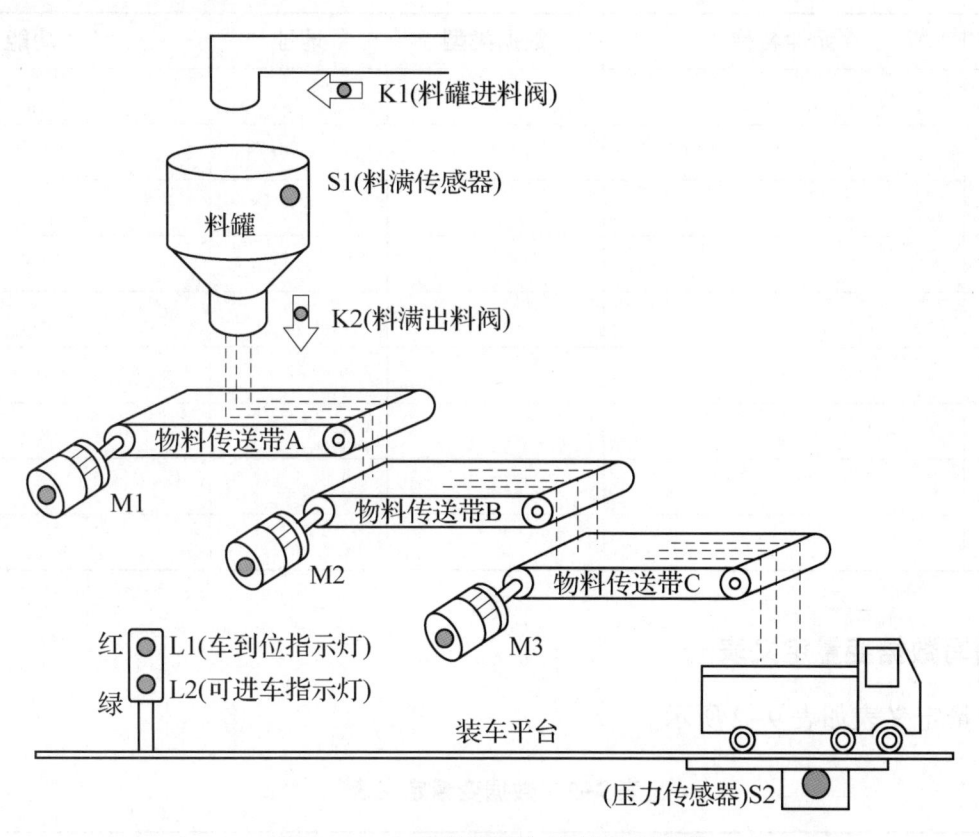

图 9-1 自动送料装车控制系统示意

一、控制要求

自动送料装车控制系统工作过程如下。

(1) 未装料时，系统待机，传送带电动机 M1、M2、M3 及料罐都处于 OFF 状态。

(2) 系统启动后，设料罐未装满料，打开料罐进料阀 K1，对料罐进料，至料罐装满料后，料罐进料阀 K1 关闭。

(3) 系统启动后，装车平台上绿灯（可进车指示灯）L2 亮，指示汽车可以开进平台；5s 后，红灯（车到位指示灯）L1 亮，示意汽车到位。

(4) 汽车到位后，传送带电动机 M3 首先启动，过 3s 后传送带电动机 M2 启动，过 3s 后传送带电动机 M1 启动。过 3s 后料罐出料阀 K2 打开，汽车开始装料。

(5) 装车平台下的压力传感器 S2 检测到汽车装满料后，就发出 ON 信号，使料罐出料阀

K2 关闭，同时传送带拖动电动机 M1 停机，过 3s 后传送带拖动电动机 M2 停机，再过 3s 后传送带拖动电动机 M3 停机。传送带停机后，汽车开出装车平台。压力传感器 S2 信号过一段时间后自动变为 OFF 状态；绿灯（进车指示灯）L2 亮，又可重新开始新的送料装车流程。

二、列写 I/O 分配表

I/O 分配表如表 9-1 所示。

表 9-1　I/O 分配表

类别	元件名称	数据类型	地址	功能
输入端				
输出端				

三、列写数据变量定义表

数据变量定义表如表 9-2 所示。

表 9-2　数据变量定义表

类别	名称	数据类型	偏移量	设定值
数据块[DB0]				
系统块 程序资源				

四、PLC 硬件接线

根据任务分析，进行 PLC 硬件接线，如图 9-2 所示。

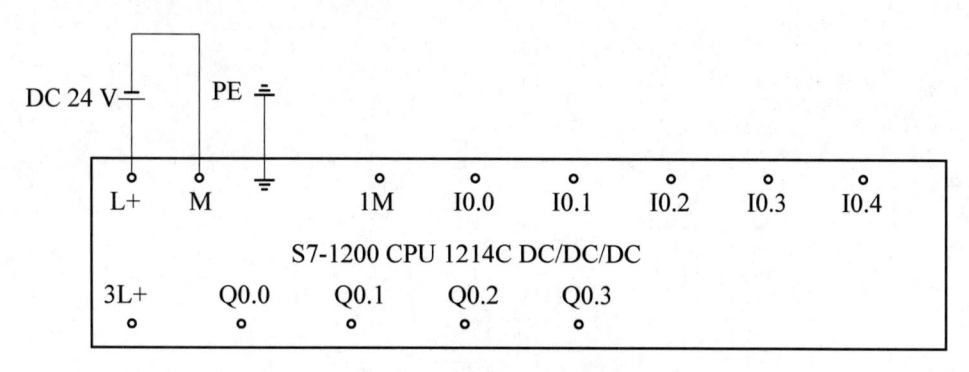

图 9-2　PLC 硬件接线图

五、绘制功能图

六、编写梯形图程序

程序段 1

程序段 2

程序段 3

程序段 4

程序段 5

程序段 6

程序段 7

程序段 8

程序段 9

程序段 10

程序段 11

程序段 12

【项目评价】

任务完成情况如表 9-3 所示。

表 9-3 任务完成情况

项目	主要内容	考核要求	评分标准	配分	扣分	得分	小计
任务完成情况	I/O 分配	1. 列出 PLC I/O 分配表 2. 画出程序设计流程图	1. 电路设计不全，每处扣 2 分 2. 输入/输出地址遗漏，每处扣 2 分 3. 设计流程图错误，每处扣 2 分	10			

续表

项目	主要内容	考核要求	评分标准	配分	扣分	得分	小计
任务完成情况	程序设计及输入	1. 根据程序设计流程图，编写梯形图程序 2. 熟练操作 PLC 键盘，正确将所编程序传送到 PLC	1. 不能熟练操作计算机键盘输入指令，扣 2 分 2. 梯形图表达不正确或画法不规范，每处扣 5 分 3. 不能熟练地将程序下载到 PLC 中，扣 5 分	30			
	布线工艺	按工艺要求用导线将输入、输出元器件连接起来（采用线槽、软线连接）	1. 布线不符合要求，每根扣 2 分 2. 接点不符合要求，每点扣 2 分 3. 损伤导线绝缘，每根扣 5 分 4. 漏套或错套编码套管，每个扣 1 分	20			
	运行调试	按被控设备的动作要求进行调试，达到控制要求	1. 一次试车不成功，扣 5 分 2. 不能进行程序调试，扣 1~5 分 3. 不能达到控制要求，扣 1~10 分	20			
综合能力	职业素养	学习主动性	1. 学习主动性差，学习准备不充分，扣 2 分	10			
		团队沟通合作	2. 团队合作意识差，缺乏协作精神，扣 2 分				
		语言表达	3. 语言表达不规范，扣 2 分				
		工作效率	4. 时间观念不强，工作效率低，扣 2 分				
		工作质量	5. 不注重工作质量与工作成本，扣 2 分				
	安全文明生产	安全生产规程操作	1. 安全意识差，不按安全生产规程操作，扣 10 分	10			
		劳动保护用品	2. 劳动保护用品穿戴不整齐，扣 10 分				
		清理工作现场	3. 施工后不清理现场，扣 5 分				
定额时间			15min，每超时 5min 扣 5 分				
备注			除定额时间外，各项目的最高扣分不应超过配分数		合计	100	
开始时间			结束时间		实际用时		

项目十 自动洗衣机控制

【工作任务】

一、控制要求

（1）初始状态：进水电磁阀 Y1、排水电磁阀 Y2、Y3、Y4、Y5 均为 OFF 状态；L1、L2 均为 OFF 状态。

（2）启动操作。

①自动洗衣机的进水和排水分别由进水和排水电磁阀控制。进水时，控制系统使进水电磁阀打开，将水注入筒内；排水时，控制系统使排水电磁阀打开，将水排出筒外。

②按下启动按钮，首先进水，到高水位后时停止进水，根据洗衣模式，水温达到 30~50℃ 后开始洗衣。正转洗衣 15s，暂停 3s 后反转洗衣 15s，暂停后再正转洗衣，如此反复 20 次。

③洗衣结束后，开始排水，当水位下降到低水位时，进行脱水（同时排水），脱水时间为 10s。这样就完成了一次从进水到脱水的大循环过程。

④经过 3 次大循环后，完成洗衣过程并报警，报警 10s 后结束整个洗衣过程，洗衣机自动停止。

（3）停止操作。开关 SB2 合上后，停止当前操作，回到初始状态。

二、列写 I/O 分配表

I/O 分配表如表 10-1 所示。

表 10-1 I/O 分配表

类别	元件名称	数据类型	地址	功能
输入端				

续表

类别	元件名称	数据类型	地址	功能
输出端				

三、列写数据变量定义表

数据变量定义表如表 10-2 所示。

表 10-2　数据变量定义表

类别	名称	数据类型	偏移量	设定值
数据块[DB0]				
系统块 程序资源				

四、PLC 硬件接线

根据任务分析，进行 PLC 硬件接线，如图 10-1 所示。

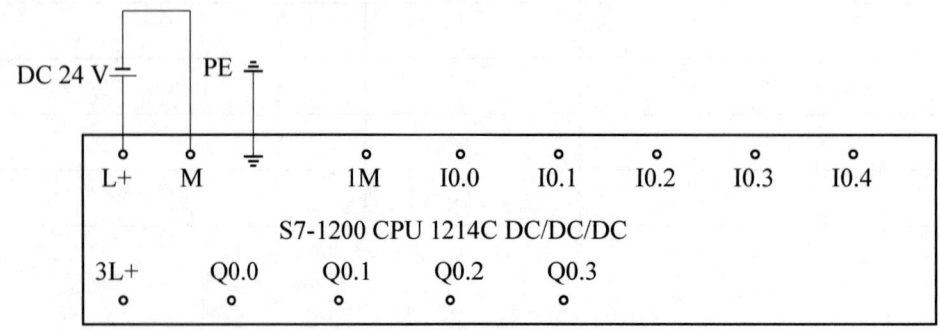

图 10-1　PLC 硬件接线图

五、绘制功能图

六、编写梯形图程序

程序段 1

程序段 2

程序段 3

程序段 4

程序段 5

程序段 6

程序段 7

程序段 8

程序段 9

程序段 10

程序段 11

程序段 12

【项目评价】

任务完成情况如表 10-3 所示。

表 10-3 任务完成情况

项目	主要内容	考核要求	评分标准	配分	扣分	得分	小计
任务完成情况	I/O 分配	1. 列出 PLC I/O 分配表 2. 画出程序设计流程图	1. 电路设计不全，每处扣 2 分 2. 输入/输出地址遗漏，每处扣 2 分 3. 设计流程图错误，每处扣 2 分	10			
	程序设计及输入	1. 根据程序设计流程图，编写梯形图程序 2. 熟练操作 PLC 键盘，正确将所编程序传送到 PLC	1. 不能熟练操作计算机键盘输入指令，扣 2 分 2. 梯形图表达不正确或画法不规范，每处扣 5 分 3. 不能熟练地将程序下载到 PLC 中，扣 5 分	30			

续表

项目	主要内容	考核要求	评分标准	配分	扣分	得分	小计
任务完成情况	布线工艺	按工艺要求用导线将输入、输出元器件连接起来（采用线槽、软线连接）	1. 布线不符合要求，每根扣2分 2. 接点不符合要求，每点扣2分 3. 损伤导线绝缘，每根扣5分 4. 漏套或错套编码套管，每个扣1分	20			
任务完成情况	运行调试	按被控设备的动作要求进行调试，达到控制要求	1. 一次试车不成功，扣5分 2. 不能进行程序调试，扣1~5分 3. 不能达到控制要求，扣1~10分	20			
综合能力	职业素养	学习主动性	1. 学习主动性差，学习准备不充分，扣2分	10			
综合能力	职业素养	团队沟通合作	2. 团队合作意识差，缺乏协作精神，扣2分				
综合能力	职业素养	语言表达	3. 语言表达不规范，扣2分				
综合能力	职业素养	工作效率	4. 时间观念不强，工作效率低，扣2分				
综合能力	职业素养	工作质量	5. 不注重工作质量与工作成本，扣2分				
综合能力	安全文明生产	安全生产规程操作	1. 安全意识差，不按安全生产规程操作，扣10分	10			
综合能力	安全文明生产	劳动保护用品	2. 劳动保护用品穿戴不整齐，扣10分				
综合能力	安全文明生产	清理工作现场	3. 施工后不清理现场，扣5分				
定额时间		15min，每超时5min扣5分					
备注		除定额时间外，各项目的最高扣分不应超过配分数		合计		100	
开始时间		结束时间		实际用时			